光影之书

赵鹏 ◎ 著

Photoshop+Camera Raw
摄影后期与创意合成

人民邮电出版社

北京

图书在版编目（CIP）数据

光影之书：Photoshop+Camera Raw摄影后期与创意合成 / 赵鹏著. -- 北京：人民邮电出版社，2023.4
ISBN 978-7-115-60510-8

Ⅰ．①光… Ⅱ．①赵… Ⅲ．①图像处理软件 Ⅳ.
①TP391.413

中国版本图书馆CIP数据核字(2022)第222324号

内 容 提 要

这是一本面向零基础读者的数码摄影后期专业教程。本书共 8 章。第 1 章讲解 Bridge 的相关功能，以及通过 Bridge 调用 Camera Raw 的方法，带领读者学习软件的基础知识；第 2 章讲解如何利用 Camera Raw 制作简单的效果，以激发读者的学习兴趣；第 3 章讲解后期基础知识，让读者学会分析和处理照片；第 4 章讲解图像的整体调整与局部调整，并通过案例帮助读者掌握 Camera Raw 相关工具的使用方法；第 5 章讲解"两法一律"理论，并以此作为理论基础指导读者进行后期制作；第 6 章是 Camera Raw 后期实战，使读者在实战中将前面学习的知识融会贯通；第 7 章讲解用 Photoshop 合成图像的方法，使读者了解 Photoshop 的部分工具，并用尽可能少的工具制作出合成效果；第 8 章属于 Photoshop 的进阶内容，引导读者制作出更具创意的效果。

本书内容全面、系统，通过理论与案例相结合的方式讲解后期制作思路及处理技术，旨在帮助读者透彻理解后期处理的核心原理，并激发读者的创作灵感。本书附带相关素材和讲解视频，可以让读者在"边学边操作"中熟练地掌握后期处理的要点。需要注意的是，本书是在 Bridge 2022 和 Photoshop 2022 版本基础上进行编写的，读者可以采用相同或更高的版本进行学习。

◆ 著　　　　　赵 鹏
　　责任编辑　　张玉兰
　　责任印制　　马振武

◆ 人民邮电出版社出版发行　　北京市丰台区成寿寺路 11 号
　　邮编　100164　　电子邮件　315@ptpress.com.cn
　　网址　http://www.ptpress.com.cn
　　北京宝隆世纪印刷有限公司印刷

◆ 开本：787×1092　1/16
　　印张：14.5　　　　　　　　　　　　2023 年 4 月第 1 版
　　字数：427 千字　　　　　　　　　2023 年 4 月北京第 1 次印刷

定价：129.90 元

读者服务热线：(010)81055410　印装质量热线：(010)81055316
反盗版热线：(010)81055315
广告经营许可证：京东市监广登字 20170147 号

前言

　　"知识点最小化"和"去参数化"是本书的两大特点，这也是我一直秉持的教学理念。

　　"知识点最小化"是基于大龄读者和初学者的学习特点来考虑的，并据此将教学内容进行重组。在本书Camera Raw部分的学习中，由于一些工具的原理较为复杂且应用效果不佳，因此会一笔带过。而对于像"高光"和"阴影"这种看似简单的参数，由于其对画面效果的实现极为重要，因此会进行详细讲解。在本书Photoshop部分的学习中，根据照片特点，仅使用少量工具，避免繁多的工具给读者造成选择和操作上的困扰。本书内容基于"知识点最小化"原则编排，因此学习难度较低，任何年龄段的读者都可以轻松地完成全程学习。

　　"去参数化"的目的是让读者更扎实地掌握本书所讲的内容。本书在前期会给出实现效果的具体参数，之后逐渐改为方向性指导，后期则需要读者自行判断具体参数。这不仅是对读者所学知识掌握程度的检验，也是拓展创造性思维的有效方式。最终目的并不是让大家做出书中已有的效果，而是根据所学到的知识做出书中没有的效果，甚至超越书中的效果。

　　本书在结构安排上主要分为两大部分，即Camera Raw部分和Photoshop部分。如果要学习照片的亮度、色彩及影调的处理，那么只需要学习Camera Raw部分就足够了。Camera Raw部分除了介绍软件的操作方法，还融合了"两法一律"理论，以此指导读者学习后期制作的具体方法和技巧。对于想参加摄影比赛的读者来说，通过该部分的学习即可完成多种风格参赛文件的制作。

　　如果在图像合成方面有学习需求，那么读者可以继续学习本书的Photoshop部分。该部分分为两个阶段：第1阶段依旧遵循摄影审美进行构图和影调层次的营造；第2阶段则不再局限于摄影审美的范围，而是运用所学的知识将创作延伸到创意表达领域。我总结的"Camera Raw+Photoshop智能对象"的制作方法，可实现Photoshop的合成能力与Camera Raw渲染能力的"强强联手"。这样可在很大程度上降低图像合成技术的学习门槛，让初学者也可制作出以往只有专业修图师才能实现的效果。这对许多摄影爱好者来说是一种全新的制作体验。

　　为了方便大家学习，本书附带重点案例的素材文件和演示视频。祝大家在学习过程中一切顺利！

赵鹏

2022年10月15日

资源与支持

本书由"数艺设"出品，"数艺设"社区平台（www.shuyishe.com）为您提供后续服务。

配套资源

重点案例的素材文件及演示视频。

资源获取请扫码

（提示：微信扫描二维码关注公众号后，
输入 51 页左下角的 5 位数字，获得资源
获取帮助。）

"数艺设"社区平台 为艺术设计从业者提供专业的教育产品。

与我们联系

我们的联系邮箱是 szys@ptpress.com.cn。如果您对本书有任何疑问或建议，请您发邮件给我们，并请在邮件标题中注明本书书名及ISBN，以便我们更高效地做出反馈。

如果您有兴趣出版图书、录制教学课程，或者参与技术审校等工作，可以发邮件给我们。如果学校、培训机构或企业想批量购买本书或"数艺设"出版的其他图书，也可以发邮件联系我们。

关于"数艺设"

人民邮电出版社有限公司旗下品牌"数艺设"，专注于专业艺术设计类图书出版，为艺术设计从业者提供专业的图书、视频电子书、课程等教育产品。出版领域涉及平面、三维、影视、摄影与后期等数字艺术门类，字体设计、品牌设计、色彩设计等设计理论与应用门类，UI设计、电商设计、新媒体设计、游戏设计、交互设计、原型设计等互联网设计门类，环艺设计手绘、插画设计手绘、工业设计手绘等设计手绘门类。更多服务请访问"数艺设"社区平台www.shuyishe.com。我们将提供及时、准确、专业的学习服务。

目录

第6章 Camera Raw 后期实战.............................099

第7章 用 Photoshop 合成图像.............................147

第 8 章 创意与合成 203

第 1 章

前期准备

在本书的学习中，将先通过Bridge调用Camera Raw来完成对照片的基础调整。在这个过程中，读者可以了解摄影后期的基础知识和处理方法。这一部分内容不需要使用Photoshop，只需要安装Bridge即可。Bridge包含Camera Raw增效工具，安装后可独立完成对照片的后期处理。

1.1 初识 Bridge

视频位置	视频文件 >CH01>1.1 文件夹
素材位置	无

Bridge简称Br，是Adobe公司推出的文件管理软件，用来对照片、视频及其他类型的文件进行管理。不同于Lightroom的工作流程，Bridge无须事先导入文件，可以直接对磁盘中的文件进行管理与操作。Bridge不仅可以对RAW格式的文件进行管理，还可以兼容JPEG（也称JPG）、TIFF和PSD等格式的文件。

1.1.1 Bridge的相关设置

在使用Bridge之前，需要先对其"首选项"进行设置。执行"编辑>首选项"菜单命令（快捷键为Ctrl+K），打开"首选项"对话框，选择"常规"选项，并勾选"双击可在Bridge中编辑Camera Raw设置"选项，然后取消勾选"收藏夹项目"选项组中一些不常用的选项，建议保留"此电脑"和"桌面"两项，如图1-1所示。

图1-1

完成设置后，双击RAW格式的图像将直接启动Camera Raw，此操作比较方便。如果这个选项没有开启，则需要选中图像并单击鼠标右键，在弹出的快捷菜单中执行"在Camera Raw中打开"命令，以启动Camera Raw，如图1-2所示。

图1-2

👉 提示

建议在"首选项"对话框中选择"界面"选项，然后在"外观"选项组的"颜色方案"中选择一个较深的颜色。这是因为深色的界面不容易产生视觉干扰，也适合长时间观看。

执行"编辑>颜色设置"菜单命令，选择"显示器颜色"选项，如图1-3所示。这项设置不会影响图像在Bridge中的显示效果，只是为了避免向其他软件传送图像时产生色彩误差。如果没有这个需求则不用设置。

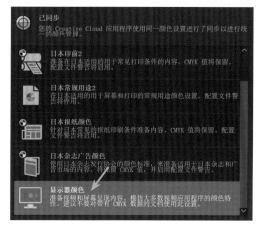

图1-3

1.1.2　在Bridge中设置Camera Raw

在Bridge中执行"编辑>Camera Raw首选项"菜单命令，打开Camera Raw的"首选项"对话框。选择"常规"选项，设置"编辑面板行为"为"单一（默认）"，如图1-4所示，便于今后的操作。

图1-4

👉 **提示**

如果显示器的分辨率较低，或者Windows系统的显示比例设置得太高，则容易导致Camera Raw的界面显示不全，此时可以勾选"使用紧凑布局"选项。此外，如果勾选"显示丰富的工具提示"选项，选择工具的时候会出现动画提示，容易造成干扰，因此建议取消勾选该选项。

进行相关设置后，可以直接双击RAW格式的图像，启动Camera Raw后对其进行编辑；但是对于JPEG格式的图像来说，需要单击鼠标右键，在弹出的快捷菜单中执行"在Camera Raw中打开"命令才能打开Camera Raw。如果经常需要处理JPEG格式的图像，可以在"首选项"对话框的"文件处理"选项中设置"JPEG"为"自动打开所有受支持的JPEG"，如图1-5所示，这样双击JPEG格式的图像就可以直接启动Camera Raw了。

图1-5

为保证色彩的一致性，可在"工作流程"选项中设置"色彩空间"为"sRGB IEC61966-2.1"，如图1-6所示。

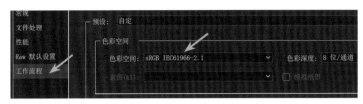

图1-6

1.1.3 Bridge界面的组成

Bridge主要由6个工作区组成，分别是"必要项""库""胶片""输出""工作流""元数据"。"必要项"工作区主要由5个区域组成，如图1-7所示。拖曳图中的蓝线可以更改相关区域的大小，其中的面板可以被移动或关闭。如果要恢复为图1-7所示的默认状态，可以执行"窗口>工作区>重置标准工作区"菜单命令进行重置。

图1-7

- **收藏夹/文件夹**

1号区由"收藏夹"和"文件夹"两个面板组成，其中常用的是"收藏夹"面板。在选择某个目录项目后，其中的文件会出现在3号区。如果计算机硬件配置较低，文件可能会延迟显示。在"收藏夹"面板中，可通过"此电脑"或"桌面"等目录项目对计算机中的文件进行查找。选择"此电脑"目录项目，将从磁盘分区进入各个子目录；选择"桌面"目录项目，可查找存放于计算机桌面上的文件。

　　对于经常用到的目录项目，可以将其从3号区拖曳至"收藏夹"面板中，这样就建立了一个可快速访问的目录项目，单击这个目录项目即可对其进行访问，如图1-8所示。

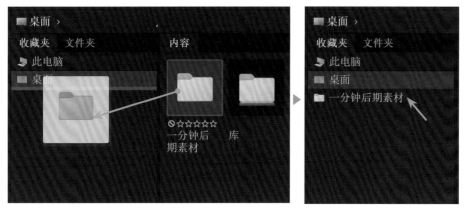

图1-8

　　图1-9所示为"文件夹"面板，这个面板中的所有目录项目都整合在了一起，目录较多时列表会变得冗长，并不实用，因此建议使用"收藏夹"面板。

图1-9

> **提示**
>
> 　　使用Windows系统时应尽量避免将文件存放于桌面，因为桌面默认位于系统磁盘分区，存放太多的文件会占用磁盘空间，从而降低系统的运行速度，而且如果系统出现故障，桌面上的文件可能会丢失。

● 筛选器/收藏集/导出/工作流

　　2号区中的"筛选器"面板用来对3号区中的文件进行筛选，我们常用它来对照片进行筛选。在选择一个目录项目后，其中的照片将全部显示出来。如果要筛选出某些特定的照片，可通过拍摄参数（如ISO感光度、曝光时间等）、标签、评级（1星～5星）和关键字等条件进行筛选，其中标签是非常实用的筛选条件。除此之外，还可以将是否通过Camera Raw进行过设置作为筛选条件，其中的"自定设置"表示已在Camera Raw中调整过参数，如图1-10所示。

图1-10

在拍摄参数筛选条件中，列出了当前目录中所有照片的"ISO 感光度""曝光时间""光圈值""焦距"等信息，每个项目右侧括号中的数字是符合条件的照片数量。例如，图1-11所示的目录中"ISO 感光度"为500的有52张照片，"曝光时间"为1/500秒的有30张照片，"焦距"为600.0毫米的有183张照片。

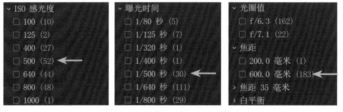

图1-11

在筛选照片时，可以同时选择多种参数。例如，可以筛选出"ISO 感光度"为100并且"曝光时间"为1/800秒的照片。拍摄参数是一个很有效的筛选方式，可以快速定位到大光圈、高快门、长焦距这类照片，读者要熟练掌握这种筛选方式。

"收藏集"面板可以将存放在不同目录中的照片进行归类汇总，便于查找。该面板只是将所选照片集中在一起显示，加入或移出收藏集都不会改变照片的原有位置，也不会复制或删除原始照片，而且一张照片可以同时被收藏于多个收藏集中。在2号区中可以找到"收藏集"面板，单击"新建收藏集"按钮，输入名称即可新建收藏集，如图1-12所示。

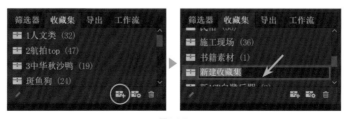

图1-12

建议使用描述准确的文字来命名收藏集。如果想对其进行排序，可在其名字开头加上数字序号。在建立收藏集后，就可以将照片进行归类了。操作方法也很简单，在3号区选择单张或多张缩览图，将其拖曳至"收藏集"面板中对应的目录项目上即可，如图1-13所示。

选中缩览图后单击"从收藏集中移去"按钮 从收藏集中移去，如图1-14所示，即可将照片从当前收藏集中移除。

图1-13

图1-14

虽然用上述方法将照片归类于收藏集中比较简单，但是需要手动进行，适合工作量较少的情况。而用"智能收藏集"功能则可通过设置"条件"等选项组，一次性将大量照片进行自动归类。由于该功能需要频繁对磁盘进行读取，因此不建议在配置较低的计算机上使用。单击"新建智能收藏集"按钮，在打开的对话框中，可以设置"源"和"条件"等选项组来归类照片。例如，从E盘上查找包含"生态"两个字并且拍摄于2015年1月1日之前的照片，相关选项设置如图1-15所示。

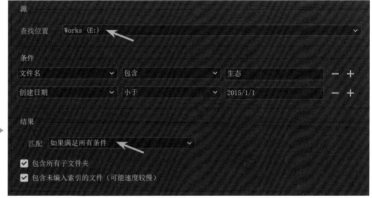
图1-15

> **提示**
>
> 需要注意的是，一般情况下不需要修改照片原有的名字，基本都保留其原先的序列号式名字，因此目录的命名很重要。否则"条件"选项中常用的"文件名"这一项就无法正常使用。当设定多个"条件"选项且"匹配"方式为"如果满足所有条件"时，如果没有找到任何文件，就需要核查"条件"选项设置得是否正确。操作不熟练时，建议仅设置一个"条件"选项。
>
> 在已建立的"智能收藏集"目录项目上单击鼠标右键并在弹出的快捷菜单中执行"编辑"命令，重新设置"条件"选项后，系统将按照新的条件再次对照片进行归类。

将图像由RAW格式保存为JPEG格式的过程称为导出。在2号区的"导出"面板中选择"新建预设"选项，如图1-16所示。打开"新建预设"对话框，在其中可以设置导出图像的相关参数。导出之前要明确图像的应用范围，做到"大图大用，小图小用"。

图1-16

由于网络带宽资源有限，发布在社交平台上的照片一般都会被压缩，因此很多情况下上传高质量的照片是没有必要的，反而会占用手机的存储空间。某些网站或赛事的投稿对上传照片的尺寸有要求（例如，边长不超过1920像素等），此时就需要减小照片的边长。发布在微信朋友圈的照片的长边一般不超过2000像素，对此可新建一个预设，输入"预设名称"为"JPG 2000"，然后设置"导出到"为"特定文件夹"，再单击"浏览"按钮 浏览... ，在弹出的对话框中选择"桌面"选项，然后选择目标路径，再单击"选择文件夹"按钮 选择文件夹 ，设置"格式"为"JPEG"、"图像品质"为8，选中"调整大小"单选项，其右侧选项默认为"适应""长边"，设置"尺寸"为"2000像素"。设置完成后单击"存储"按钮 存储 ，如图1-17所示。

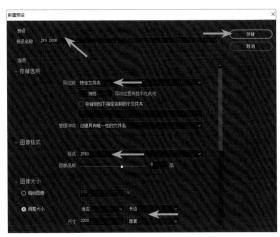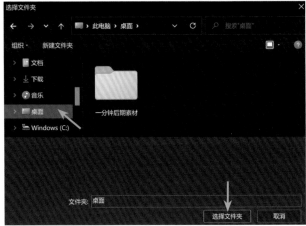

图1-17

　　再按照上述步骤新建一个用来输出高品质图像的预设。与之前不同的是，此处设置"图像品质"为12，选中"缩放图像"单选项，并设置为100%，如图1-18所示。预设的名称可以设为"JPG TOP"，也可以设为"最好"或"最佳"等，这个预设表示通过软件导出图像品质最高的JPEG图像。

图1-18

　　这样，"导出"面板中会多出两个预设选项，分别是"JPG 2000"和"JPG TOP"。使用"JPG 2000"预设进行导出，即可在桌面上生成"图像品质"为8、"长边"不超过2000像素的JPEG图像。选中两张RAW格式的缩览图并将它们拖曳至"导出"面板中的"JPG 2000"预设选项上，松开鼠标左键则会出现提示，此时单击"开始导出"按钮 开始导出 即可导出图像，如图1-19所示。

图1-19

　　☞ **提示**
　　　可分批将缩览图拖曳至"导出"面板的预设选项上，导出时可以随时更换预设选项，也可以将一张缩览图拖曳至多个预设选项上进行重复导出。

现在可以看到桌面上有两张JPEG格式的照片。通过"JPG 2000"预设选项生成的照片，可通过手机发布到社交平台。而通过"JPG TOP"预设选项生成的则是最佳画质的照片，适用于印刷或参加摄影比赛。注意，有些摄影比赛的投稿不仅限定尺寸，还限制文件的大小，如不超过500KB或2MB等，导出这类照片的设置方法会在后面的内容中介绍。如果在桌面上没看到照片，那么也许是导出位置设置有误，可以双击"导出"面板中的预设选项，打开"编辑预设"对话框，重新设置导出位置。

如果需要经常进行批重命名、更改格式、调整大小和应用元数据等操作，那么可以使用"工作流"面板将它们汇总到一起，这样就可以一步完成原先需要多步才能完成的操作，如图1-20所示。在熟练掌握Bridge之前，建议不要使用该面板。

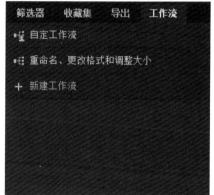

图1-20

● 内容

3号区是"内容"面板，用于显示当前目录中的所有文件，在没有限定筛选条件时，文件默认以缩览图的形式显示。在Bridge界面下方可以更改缩览图的显示方式与大小，如图1-21所示。需要注意的是，如果设定了缩览图的显示大小，"内容"面板中的信息可能会被压缩，建议设置合适的大小并保持默认的显示方式。

可以通过缩览图中的标记识别照片的一些信息。如果是调整过或裁剪过的照片，其缩览图的右上角会显示相应图标；如果为照片评定了星级，其缩览图的下方会显示星级；如果指定了色彩标签，其缩览图的下方会显示色彩标签。星级和色彩标签同时存在则会混合显示，如图1-22所示。

图1-21

图1-22

在选择一张缩览图后，可为其评定星级。在缩览图上单击鼠标右键可为其添加色彩标签，在弹出的快捷菜单中执行"无标签"命令可取消色彩标签。图1-23所示为将照片评定为3星，并为其设置蓝色"审阅"标签的操作。若要取消评级，可以单击星级左侧的"取消"图标。

图1-23

　　在选择一张缩览图后，按Space键（空格键）可进入全屏预览模式，此时可通过方向键（←键和→键）切换照片。在此状态下，可以通过1键~5键评定照片星级，0键用于取消星级，6键~9键用于指定色彩标签，两次指定同样的色彩标签则会取消标签。在全屏预览模式下，单击照片可以将其缩放至100%的比例，按住鼠标左键并拖曳可以移动照片，按Esc键或按Space键可退出全屏预览模式。按住Ctrl键并单击多张缩览图，然后评定任意一张照片，可完成照片的批量评定，如图1-24所示。

图1-24

　　如果需要按顺序选中多张缩览图，那么可以先选中第一张缩览图并按住Shift键，然后单击最后一张缩览图，这样就可以同时选中它们及它们之间的缩览图。如果要去除个别已选中的缩览图，那么可以按住Ctrl键并单击该缩览图。如果要选中当前"内容"面板中的所有缩览图，那么可以执行"编辑>全选"菜单命令（快捷键为Ctrl+A）。除此之外，还可以通过框选缩览图的方式进行选择。

● 预览

　　4号区是"预览"面板，"内容"面板中被选中的缩览图会在"预览"面板中显示，以方便观看。如果选中了多张缩览图，那么"预览"面板中会同时显示多张照片。

　　单击"预览"面板中的图像可以启动放大镜，如图1-25所示。可以通过拖曳鼠标改变放大镜的位置，还可以通过滚动鼠标滚轮更改放大镜的放大比例。放大镜默认以100%的比例显示，可以用来查看图像细节，例如眼睛是否合焦等。当"预览"面板中有多张照片时，可为它们分别建立放大镜，以便进行对比。

图1-25

- **元数据/关键字**

"元数据"面板中显示的是照片的拍摄参数，如拍摄时间、相机镜头的型号等。如果相机的时间设置错误导致"元数据"面板中显示的日期时间不准确，那么可以选择"原始日期时间"选项，然后在弹出的对话框中更正时间或者输入时间偏移量（如减去一小时等），如图1-26所示。

图1-26

在"关键字"面板中，可为照片添加文字信息。除了可以添加默认的关键字，还可以新建关键字。单击"新建关键字"按钮 ，然后输入文字即可完成关键字的新建。图1-27所示为在"事件"项目中新建的"鸟类纪实"关键字。

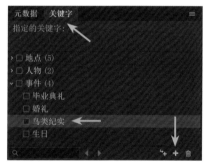

图1-27

可以新建一个关键字或者在某个关键字下新建子关键字。选择缩览图后，勾选关键字即可为照片指定关键字，取消勾选则取消指定。可以一次性为多张缩览图指定关键字，指定后即可使其在"筛选器"面板中作为筛选条件。已建立的关键字对本机所有的照片都有效，即使更换目录也依然有效。

1.1.4　其他功能

Bridge中还有一些对日常工作有帮助的辅助功能，包括批量重命名、快速搜索、复制和移动、合并输出PDF等。

- **批量重命名**

一般RAW格式的照片名称都是默认的序列号，将其导出为JPEG格式的照片后名称也不会改变。在需要建立相册或图集时，这样的名称缺少描述性，不便于管理，因此有必要将其改为其他合适的名称。例如，在名为"20211219（纪实）闽清油坊"的目录中导出3张JPEG格式的照片，那么它们的名称就可以是"2021油坊纪实01.jpg""2021油坊纪实02.jpg""2021油坊纪实03.jpg"。

☞ **提示**

> 存放于磁盘上的照片应合理、有效地归类，这样不仅便于查找，还能防止遗漏和出错。建议以"拍摄时间+类型+地点"的方式来命名每次拍摄的照片的目录。例如，"19950501（风光）北京故宫"表示1995年5月1日在北京故宫拍摄的风光照片。当一天内拍摄了多种题材的照片时，建议分目录进行存放。
>
> 在确定好每次拍摄的照片的目录名后，可以以年份为名称再建立新的目录，如"1995"和"2025"等，在其中可以存放该年份拍摄的所有照片，再将这两个目录拖曳至"收藏夹"面板，这样以后就可以快速找到这两个年份拍摄的照片了。如果照片数量较多，那么可以再细分到月份目录。这种分类方法是基于系统自身的目录功能实现的。
>
> 如果需要集合某些类型的照片，例如，将1995年和2025年拍摄的部分风光照集合在一起，那么可以使用"收藏集"面板中的功能来实现。

在实际操作中，先选中要重命名的缩览图，然后执行"工具>批重命名"菜单命令（快捷键为Ctrl+Shift+R）。这时会弹出一个对话框，如图1-28所示。如果与图示不符，那么设置"预设"为"默认值"即可，然后在"目标文件夹"选项组中选择文件重命名后的保存路径，可以保存在原文件夹中，也可以复制或移动到其他文件夹中，一般选中默认的"在同一文件夹中重命名"单选项。

图1-28

在这个对话框中，最重要就是"新文件名"选项组中的相关设置，如图1-29所示。可以通过分段的方式重命名文件，要实现前面列举的命名形式，需要将第1段设置为"日期时间""创建日期"（即拍摄日期）和"YYYY"（4位数年份），YYYY为日期的形式；再设置第2段为"文本"，并输入文字"油坊纪实"；接着设置第3段为"序列数字"，将起始序号设置为1，并设置为"2位数"形式。

图1-29

设置完成后可在"预览"选项组中查看命名结果是否符合要求，单击"预览"按钮 可看到文件全部重命名后的列表，确认无误后单击"确定"按钮，单击"重命名"按钮，就会在"内容"面板中看到文件名称的变化，如图1-30所示。

图1-30

这次的批量重命名只选定了年份，其好处是文件名较短。但是如果同年度有很多相同题材的照片，那么照片就容易重名，此时可将日期设为YYYYMMDD（年月日）的形式。如果要在同一天中进行区分，那么可以设为HHMMSS（时分秒）的形式。此外，"2位数"的"序列数字"仅适用于照片数量在100张以内的情况，照片总数较多时可以选择更多位数。"新文件名"选项组中还有其他的命名方式，例如，"元数据"选项中的"光圈值"和"曝光时间"等，读者可以自行尝试。需要注意的是，通过Bridge进行的批量重命名操作是无法撤销的。为了避免误操作，建议仅修改导出的JPEG格式照片的名称，而不要直接修改原始的RAW格式照片的名称。

● 快速搜索

Bridge中的"快速搜索"功能位于界面右上角，在其中输入要查找的内容即可。"内容"面板默认按文件名排序，也可以更改为其他排序方式，如图1-31所示。

图1-31

如果按照之前的建议整理目录，那么"快速搜索"功能就能很好地发挥作用。单击搜索框旁的放大镜按钮 可以更改搜索方式，其中的"高级搜索"功能与"智能收藏集"功能类似，即通过设置一些条件进行搜索。

需要注意的是，由于"快速搜索"功能是从当前位置开始搜索的，因此应尽可能缩小搜索范围。例如，当搜索1995年的照片时，应该先进入1995年的目录再发起搜索。如果直接在总目录或磁盘根目录中发起搜索，那么可能会消耗较多的时间。

- **复制和移动**

将"内容"面板中的缩览图移动到"收藏夹"面板的目录项目中，可以实现照片的复制或移动。Bridge会自动判定该照片是需要复制还是移动。如果移动到照片所在的目录外（如桌面或其他磁盘分区等），那么判定为复制；如果移动到的目录是照片本身所在的目录，那么判定为移动，如图1-32所示。

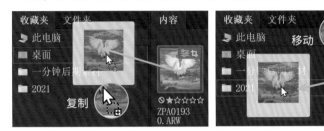

图1-32

此操作适用于目标目录在"收藏夹"面板中的情况，较为常见的就是复制照片到桌面备用。当复制或移动照片到其他位置时，可以选中照片并单击鼠标右键，在弹出的快捷菜单中执行"移动到"或"复制到"命令。移动时要确认目标目录是否正确，如果误操作，可执行"编辑>还原"菜单命令（快捷键为Ctrl+Z）进行撤销。

- **合并输出PDF**

选择"输出"工作区，在"输出设置"面板的"模板"下拉列表中选择"2×2单元格"选项，这样就产生了"四联拼图"样式的图像，然后将下方"内容"面板中的照片拖曳至"输出预览"面板中即可。建议取消勾选"包含文件名"选项和"显示参考线"选项，如图1-33所示。这个功能适用于合并打印照片的情况，输出的文件格式为PDF，暂时不能输出JPEG等其他格式的文件。

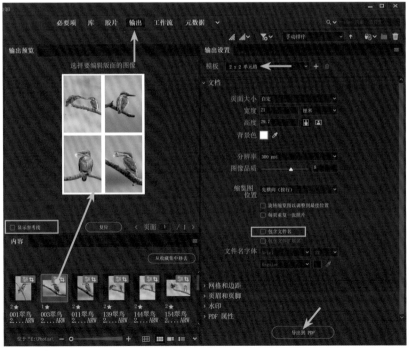

图1-33

1.2 如何挑选照片

完成拍摄后需要筛选出精华片或者删除废片等，此时可以使用Bridge中相应的功能来进行操作。先将照片复制到计算机中，以合适的名称命名目录。通过"收藏夹"面板中的"此电脑"目录项目，逐级找到需要的目录，此时"内容"面板中会显示所有照片的缩览图。单击第1张缩览图，按Space键进入全屏预览模式。如果觉得满意可按数字键1，将其评为1星，此时界面左下角会出现短暂的提示，然后使用方向键查看下一张照片。在此过程中可将特别满意的照片评为5星，不确定的可先跳过。对于明显的废片，可按Delete键进行删除，此时会打开提示对话框，勾选"不再显示"选项并单击"拒绝"按钮 拒绝，这样照片不会被删除，只是在Bridge中被标记了，如图1-34所示。

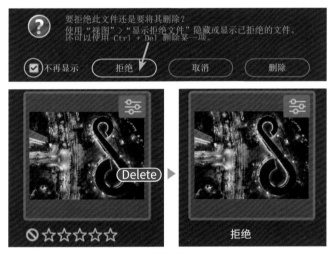

图1-34

完成挑选后，按Esc键或Space键退出全屏预览模式，此时"筛选器"面板中会出现"评级"为1星的选项。勾选"★"选项，或单击"预览"面板上方的"按评级筛选项目"按钮 并选择"显示1星（含）以上的项"选项，如图1-35所示。

图1-35

此时"内容"面板中将只显示经过首次筛选的照片，然后可以对这些照片进行二次筛选。对于满意的照片可将其评为2星；对于不满意的照片，可以按数字键0取消其评级，也可以按Delete键"拒绝"文件。经过两次筛选，基本就可以确定精华片了。

如果要复查未评级的落选片，可选择"无评级"选项或"仅显示未评级的项"选项，要复查被"拒绝"的文件也可进行同样的操作。如果要彻底删除这些照片，可在筛选后，按快捷键Ctrl+A将它们全选，然后在任意缩览图上单击鼠标右键，在弹出的快捷菜单中执行"删除"命令，这些照片将被移至回收站。

1.3 关于图像格式的建议

很多人在日常拍摄时，会同时保留RAW格式和JPEG格式的图像，大多是因为在计算机中不能直接查看RAW格式的图像，只能看到JPEG格式的图像。但是高品质的JPEG格式图像占用的存储空间几乎等同于RAW格式的图像，相当于让相机内存"打了折扣"。针对此问题，我们可以通过Bridge来解决。建议在日常拍摄时仅保存RAW格式的图像，一般设置如图1-36所示。

图1-36

之所以建议将图像保存为RAW格式而非JPEG格式，是因为RAW格式的图像中包含相机感光元件的原始数据信息，可以在后期制作中提供较大的调整范围。特别是在一些光线对比强烈的场景中，RAW格式能让我们有更多机会制作出优秀作品。

图1-37所示为对过曝区域进行压暗操作，RAW格式的图像可以很好地还原出细节，而JPEG格式的图像还原细节的效果不佳。

图1-37

不同品牌的相机生成的RAW格式的图像的扩展名也不同。例如，索尼（Sony）为ARW，尼康（Nikon）为NEF，佳能（Canon）为CR2或CR3等，这些都属于RAW格式。此外，Adobe公司推出了一种拥有较强兼容性的DNG格式，未来可能会成为统一标准。

虽然RAW格式的图像拥有很多优点，但是其属于专用图像格式，需要使用Bridge或其他专业软件才能读取。而JPEG格式属于通用图像格式，大部分设备和软件都支持该格式。因此，将照片上传至网站、发布到社交平台和参赛投稿时等都需要使用JPEG格式。

在摄影时，应该坚持保存RAW格式的图像。在有特殊需求时，可以将RAW格式的图像导出为JPEG格式的图像。如需建立相册或图集，则要将JPEG格式的图像存放在指定的位置，不要和RAW格式的图像存于同一个目录中。

1.4 初识 Camera Raw

视频位置	视频文件 >CH01>1.4 文件夹
素材位置	无

在后面的章节中，将主要通过Camera Raw对照片进行处理，这是进入后期制作领域的必备技能。本节先对这个软件进行简单讲解。

1.4.1 Camera Raw界面的组成

在Bridge的"内容"面板中，双击照片的缩览图即可启动Camera Raw；也可以在选择照片后，单击鼠标右键，在弹出的快捷菜单中执行"在Camera Raw中打开"命令。

图1-38所示为Camera Raw的工作界面，这个界面主要由6个区域组成。1号区是由各种工具组成的工具栏，常用的工具有"编辑"工具 、"蒙版"工具 和"快照"工具 等。2号区用于显示每种工具对应的设置面板。例如，在"编辑"面板中，可以设置"曝光""高光""阴影"等参数。3号区是信息区，主要显示直方图和拍摄参数。4号区是辅助功能区，用于对照片进行缩放和评级等操作，单击"显示/隐藏胶片"按钮 即可显示或隐藏5号区。6号区可以显示原图与效果图。此外，界面右上角还有"转换并存储图像"按钮 、"打开首选项对话框"按钮 （快捷键为Ctrl+K）和"切换全屏模式"按钮 （快捷键为F）。

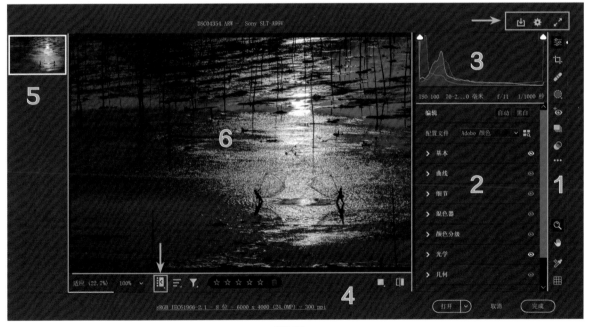

图1-38

1.4.2 导出功能

单击"转换并存储图像"按钮 会弹出一个对话框，在"目标"选项组中可以选择图像的导出位置，在"文件命名"选项组中可以设置4段文件名，与Bridge中导出图片时的设置方法相似，如图1-39所示。

如果需要经常使用某些设置，可以设置"预设"为"将自定义预设另存为"，以便再次调用。

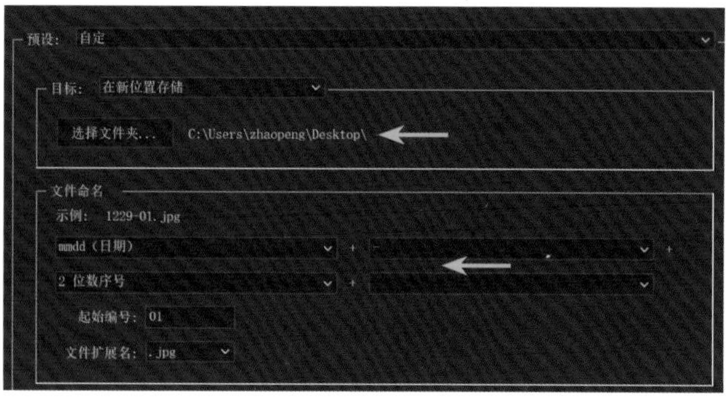

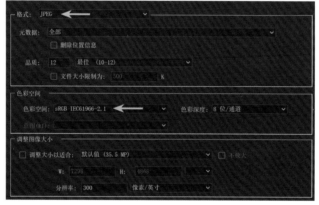

图1-39

继续设置"格式"为"JPEG"，并设置"色彩空间"为"sRGB IEC61966-2.1"，如图1-40所示。可通过改变"品质"选项的值来改变图像的画质，如果需要发布朋友圈，可以选择"中（5-7）"选项或"高（8-9）"选项，如果需要打印则选择"最佳（10-12）"选项。如果对图像的大小有要求，可在勾选"文件大小限制为"选项后手动输入数值，勾选该选项后将无法再设置"品质"值。"调整图像大小"选项组中的"W"表示宽度、"H"表示高度。如果要导出长边不超过2000像素的图像，则可在"W"和"H"文本框中都输入2000。

图1-40

提示

需要注意的是，"品质"中的选项都是一个范围值。例如，选择"最佳（10-12）"选项时，"品质"选项的值默认为10，需手动输入12才能达到最高级别。

每次单击"转换并存储图像"按钮 都会打开上述对话框，如果在"文件命名"选项组中使用了数字序号，则可看到其在自动递增。在Camera Raw中打开多个图像并同时保存，数字序号也会自行匹配。按住Alt键并单击"转换并存储图像"按钮 ，则可使用上一次的设置并直接导出图像。

本章小结

在本章的学习中，虽然还没有开始具体的后期操作，但是本章内容对后面的学习是很有帮助的。读者要重点掌握通过评级挑选照片的方法，这可以极大地提升后期制作的效率；其次需要了解导出JPEG格式图像的方法，这是发布作品的必经步骤。

第 **2** 章

Camera Raw 后期处理初体验

虽然还没有学习Camera Raw的具体使用方法，但是不影响我们直接对几类照片进行后期处理。读者可以在处理照片时，直观地了解软件中各种工具的使用方法。

2.1 常用操作

本节将通过几个示例来介绍Camera Raw的常用操作，熟练掌握这些操作能够极大地提高处理照片的效率。请将素材文件保存好，可以将其所在目录拖曳至Bridge中的"收藏夹"面板，便于随时调用。

2.1.1 自动调整

在Camera Raw中打开照片，选择"编辑"工具（快捷键为E），然后单击"自动"按钮，即可完成自动调整，如图2-1所示。

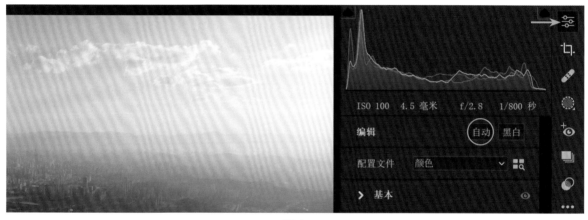

图2-1

单击"切换到默认设置"按钮（快捷键为\），可在原图和效果图之间切换，通过这个按钮可以快速恢复到原图状态。单击"在'原图/效果图'视图之间切换"按钮（快捷键为Q），可以切换原图与效果图视图。单击"完成"按钮即可保存设置并退出Camera Raw，而单击"取消"按钮将直接退出Camera Raw，如图2-2所示。

图2-2

图2-3所示为照片自动调整前后的对比效果，调整后的效果相比原图已经有了很大的改善。使用"自动调整"功能进行调整，可以压暗图像中较亮的区域，并提亮较暗的区域。虽然不能达到手动调整的水平，但是操作起来简便且快速。

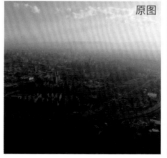

图2-3

退出Camera Raw后，照片的缩览图会发生变化，其右上角出现了"编辑"图标，可凭借这个图标判断照片是否已被调整，如图2-4所示。

图2-4

提示

"自动调整"功能可以让系统自行对照片的数据进行判断，在整张照片的基础上削弱照片中过亮的部分，提亮过暗的部分。

图2-5所示为使用"自动调整"功能调整图中的白鹇后，原图与效果图的对比效果。通过对比图可以看到，调整后白鹇腹部的暗色羽毛被提亮了，能够看到原图中不清晰的细节。

图2-5

2.1.2 缩放图像和移动图像

当需要放大图像时，可以将鼠标指针移动到图像中，这时鼠标指针会变为放大镜形状，按住鼠标左键并左右拖曳，即可实现以鼠标指针所在位置为中心的缩放，也可以单击"选择缩放级别"下拉按钮进行缩放，如图2-6所示。单击图像或选择"适应视图"选项（快捷键为Ctrl+0），即可将图像调整为符合视图的大小。

图2-6

图2-6（续）

提示

按快捷键Ctrl++和快捷键Ctrl+－也可以对图像进行缩放。

放大图像后，可通过移动图像来查看超出界面边界的部分。其方法是按住Space键，再按住鼠标左键并拖曳鼠标，效果如图2-7所示。

图2-7

缩放图像和移动图像是两个较为常用的操作，对它们使用的熟练程度将直接影响实际制作的效率，请务必掌握这些操作方法。在使用其他工具时，如果鼠标指针的形状不再是放大镜，那就不能直接进行缩放了，需要视情况配合Ctrl键进行缩放。

2.1.3 手动调整

视频位置	视频文件 >CH02>2.1.3 文件夹
素材位置	素材文件 >CH02>2.1.3 文件夹

虽然使用"自动调整"功能可以很方便、快速地处理照片，但是这个功能仅在照片有明显问题（如光线对比太强烈、曝光过度或不足等情况）的时候比较有效。如果照片本身没有明显的问题，使用"自动调整"功能调整后的效果就不会太明显。如图2-8所示的情况，使用"自动调整"功能对两张照片进行调整，通过对比可以看出调整前后的变化不是很明显，甚至效果图比原图还略差。

图2-8

这是因为"自动调整"功能是通过全局亮度数据对照片进行判断的，会削弱整张照片中过亮的部分，并提亮过暗的部分。但是摄影审美并不完全依赖全局数据指标，很多时候都需要根据实际情况分区域进行调整。

● 使用"选择主体"功能

从摄影审美的角度来看"荷花"照片，这张照片主体不突出的原因是层次感不足。想要改善这种情况，就需压暗背景部分。选择"蒙版"工具■中的"选择主体"选项，如图2-9所示，即可创建一个包含主体的蒙版。

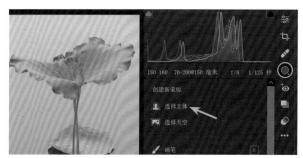

图2-9

在创建蒙版后，可以看到荷花部分被蓝色覆盖了，这种颜色表示受影响的区域，此时可更改"蒙版叠加颜色"来调整受影响区域的颜色。单击色块，选择一种蓝色，将"亮度"调整为最大值，并降低"不透明度"，如图2-10所示，这样呈现出的蒙版效果比较好。

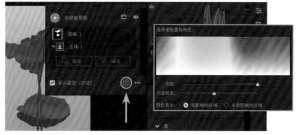

图2-10

前面使用"选择主体"功能创建了一个包含荷花部分的蒙版，但是需要调整的区域是除荷花以外的背景区域，此时单击"反相"按钮 ▣ 即可得到背景区域的蒙版，如图2-11所示。

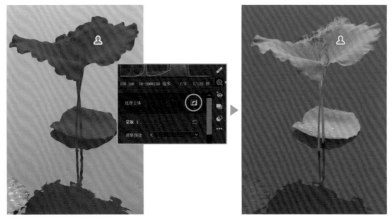

图2-11

大多数照片可以简单地分为主体和背景两个部分，使用"选择主体"功能可以创建主体部分的蒙版，对主体蒙版进行"反相"操作后即可生成背景部分的蒙版。同理，自动识别中的"选择天空"功能既可以用于选择天空部分，又可以通过"反相"操作选择除天空以外的部分。如果需要手动创建一大块区域的蒙版，可以先创建一块小区域的蒙版，然后进行"反相"操作。选中背景区域，设置"曝光"为 –3.00，"色温"为 –50，即可压暗背景，如图2-12所示。

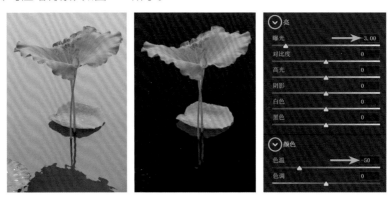

图2-12

👉 **提示**

Camera Raw 15.0版本新增了"背景"蒙版功能，可直接选择除主体之外的背景区域，如图2-13所示。不需要通过"选择主体"功能和"反相"操作来得到背景区域的蒙版了。

图2-13

● **创建基本蒙版项目**

　　使用"选择主体"功能可以很方便地创建主体和背景的蒙版。下面对人像照片进行一个典型操作，即分别创建人物和背景的蒙版，然后分别进行调整。

　　通过"选择主体"功能为人物创建蒙版，蒙版默认名称为"蒙版1"。为了便于管理，可以双击蒙版名称，并将其改为"人物"（此为建议操作，是否改名都不影响后续操作），如图2-14所示。

图2-14

　　单击"创建新蒙版"按钮 ⊕ 创建新蒙版 ，选择"选择主体"选项，将再次得到一个人物蒙版，单击"反相"按钮 ◙ 即可得到背景区域的蒙版，将其改名为"背景"，如图2-15所示。

图2-15

目前共创建了"人物"和"背景"两个蒙版，接下来分别对它们的"曝光""高光""色温""色调"参数进行调整，如图2-16所示。调整后图像中的人物比原图中更加突出了。

图2-16

为了让对比效果更明显，本书中的案例将进行较大幅度的调整。按上述参数设置后，图像的整体色温就过冷，影响了属于暖色调的前景草丛；而人物的增强效果也有些过度，使得场景光线的分布不合理。这其实都有违后期制作的原则，后期制作讲求顺势而为，应避免大范围的过度调整。图2-17所示的效果图就适当地降低了调整幅度，其整体看起来更自然。

图2-17

👉 提示

在Camera Raw中进行操作时，可以按快捷键Ctrl+Z进行撤销，按快捷键Ctrl+Shift+Z进行恢复，这些操作可以重复进行。

2.2 其他操作

目前已经对照片进行了基础调整，为了更好地处理照片还需要了解一些其他的辅助操作，这些操作可以使照片的处理过程变得更加简单。

2.2.1 "快照"工具

"快照"工具■（快捷键为Shift+S）可用于存储目前对照片的所有操作内容，之后无论进行什么操作，都可通过"快照"功能将其恢复到初始状态，类似于科幻作品中的时光机。

● **创建快照**

先将未经任何调整的照片存储为一张快照，方便以后恢复到初始状态。按快捷键Ctrl+Shift+S，打开"创建快照"对话框，默认以当前时间为名称，如图2-18所示。

图2-18

选择"快照"工具■，在"快照"面板中可查看和管理快照。单击"创建快照"按钮■可保存目前的参数设置。图2-19所示的"快照"面板中已经存有一张名为"0"的快照，将鼠标指针移动到已存储的快照上会出现"删除快照"按钮■。

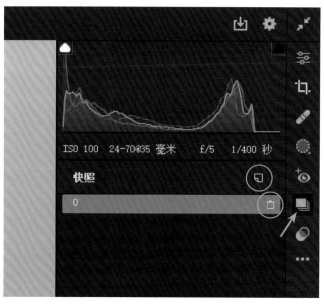

图2-19

需要注意的是，某些调整信息可能会存储在与RAW格式的文件同名的、后缀名为.xmp或.acr的文件中。Bridge会将其自动过滤，因此这些文件不会出现在"内容"面板中。如果在其他路径中看到这些文件，不要将其删除，否则有可能丢失已设置的参数。

👉 **提示**

创建的快照仅记录设置的具体参数，并不是导出图像，因此它占用的空间不大。在处理照片的过程中，可以多次创建快照来保存制作状态。已创建的快照会随着文件一起存储，日后通过Camera Raw打开仍然有效。

● 应用快照

一般纪实摄影类题材的照片都比较注重瞬间的捕捉，有时难以兼顾光线的分布。受测光模式局限，此类场景中常会出现人物曝光不足或背景过亮的情况。下面介绍几种调整方法。

先用"自动调整"功能调整照片，效果对比如图2-20所示，可以看到曝光不足的情况已经得到改善。然后创建快照，将其命名为"1"。

图2-20

通过"选择主体"和"反相"功能，分别创建"人物"和"背景"两个蒙版。然后按照图2-21所示的参数对这两个蒙版进行调整。接着创建快照，将其命名为"2"。

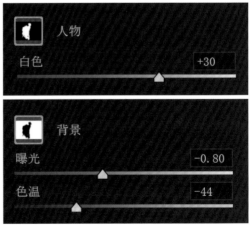

图2-21

036

为了更精确地控制图像，可使用"选择天空"功能创建新蒙版并将其更名为"天空"，如图2-22所示。现在共创建了3个蒙版，参照图2-22所示的参数进行调整，可得到一个偏灰的非常规效果。这次除调整了常规的亮度和色彩外，还调整了"人物"蒙版的"纹理"参数。创建快照，将其命名为"3"。

图2-22

按照图2-23所示的参数进行调整，可以得到另外一种风格的作品。创建快照，将其命名为"4"。

图2-23

除了可以使用"蒙版"工具 ⬛ 对照片局部进行调整，还可以使用"编辑"工具 ⬛ 对照片做出整体调整。在"编辑"面板中设置"色温"为50000，实现暖调效果，如图2-24所示。创建快照，将其命名为"5"。

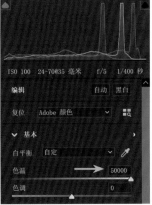

图2-24

在处理这张照片的过程中共创建了5个快照，可以通过"快照"面板对其进行预览和应用。将鼠标指针停留在快照的名称上即可预览快照，这时快照名称变为灰色，图像将呈现出快照中存储的状态。这是临时性的，不会改变目前的参数设置，移开鼠标指针后图像会恢复现有状态。若要将图像更改为快照中所存储的状态，则要单击快照名称，此时快照名称变成蓝色，如图2-25所示。

图2-25

这张照片的处理并无难度，其实使用Camera Raw对照片进行后期处理就是这么简单。虽然以上步骤只是初体验，但是我们已经完成了后期处理的整体操作流程。

2.2.2 批量制作

同一批拍摄的照片在场景、光线等都基本相同的情况下，可以在处理一张照片后，将其效果应用到其他照片上。

• 开发设置

用Camera Raw处理一张照片后，回到Bridge中，然后通过"批量制作"功能将其效果应用到其他照片上，如图2-26所示。

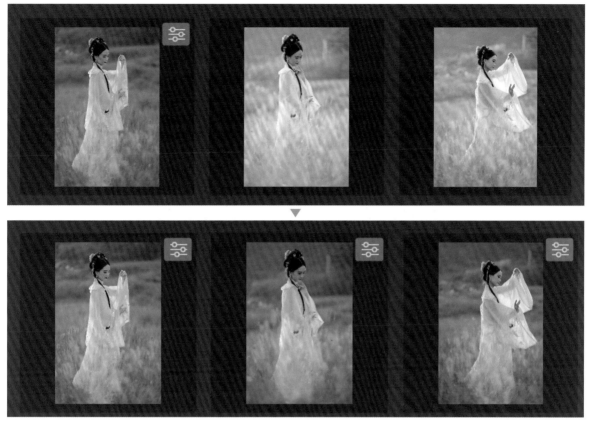

图2-26

　　具体的操作方法是，在第1张照片的缩览图上单击鼠标右键，在弹出的快捷菜单中执行"开发设置>复制设置"命令，将这张照片设置的参数复制起来备用；然后同时选择后两张照片，在缩览图上单击鼠标右键，在弹出的快捷菜单中执行"开发设置>粘贴设置"命令，在打开的对话框中进行设置。由于之前的调整是基于蒙版进行的，因此需要勾选"蒙版"选项。如果要应用所有类型，可单击"选定所有项目"按钮 选定所有项目 ，再单击"确定"按钮 确定 进行应用，如图2-27所示。

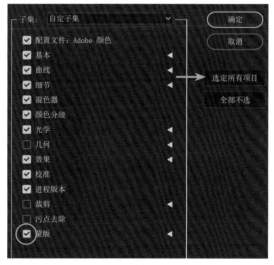

图2-27

此时，后两张照片的缩览图上出现了"编辑"图标 🎛，但是照片的光影、色彩等并没有什么变化，如图2-28所示。这是因为第1张照片的蒙版是通过"选择主体"功能产生的，而后两张照片中的主体位置与它并不相同，所以无法成功应用。

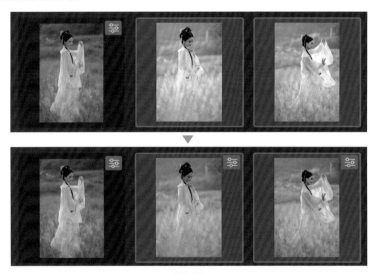

图2-28

解决的方法也很简单，更新蒙版的位置即可。将它们在Camera Raw中打开，选择"蒙版"工具 ◉，在"蒙版"面板中可以看到原先的"主体"组件显示了一个感叹号。单击"更新"按钮 更新 即可得到新的主体位置，之前通过"开发设置"复制的效果也就生效了，如图2-29所示。

图2-29

───🖝 提示 ───

在Bridge中，可以将照片恢复到原图状态。其方法为在缩览图上单击鼠标右键，然后在弹出的快捷菜单中执行"开发设置>清除设置"命令，可清除所有设置，但是不会影响已保存的快照，并且可以进入Camera Raw对其进行应用。

　　在批量处理的过程中，先完成一张照片的制作，然后在Bridge中复制参数，并将其应用于其他照片。虽然需要更新通过智能方式创建的蒙版，但是总体还是快速且高效的，可以一次性处理大批量的照片。因为需要先复制参数，所以该方法仅适合临时使用。如果需要经常应用某些参数，可通过"预设"工具 ⊙（快捷键为Shift+P）来实现。

☞ **提示**

　　在Camera Raw 14.4中，不需要用户手动更新蒙版中的主体位置，软件会自动识别并更新主体的位置，只不过可能会消耗更多的时间。

● "预设"工具

　　选择"预设"工具 ⊙，可以看到"预设"面板中已经分门别类地存放了很多软件自带的预设选项。预设的使用也分为预览和应用两种方式，将鼠标指针停留在预设名称上可预览预设，移开后恢复原状。单击预设名称即可应用预设。在"预设"面板中有一个默认值为100的预设滑块，移动该滑块可以改变预设效果与原效果的显示比例，如图2-30所示。

图2-30

　　单击"创建预设"按钮 ◲，将目前的调整效果保存为预设，在打开的对话框中勾选"蒙版"选项，不要勾选下方的"应用自动色调调整"选项，并将其命名为"古装人像"，如图2-31所示。

图2-31

创建预设后，便能直接为照片添加预设效果了。可以单击"添加到收藏夹"按钮 ，将预设添加至"收藏夹"选项中，如图2-32所示。这样便可在Bridge中应用预设了，无须启动Camera Raw。

图2-32

完成后上述操作后即可退出Camera Raw，在"内容"面板中选择其他照片的缩览图，单击鼠标右键，在弹出的快捷菜单中执行"开发设置>古装人像"命令，就可以直接为其添加预设效果了。

这种批量处理的方法是将各项参数存储为预设，然后将其添加到"开发设置"菜单中。与之前的区别是，用此方法创建的预设是永久有效的，可以随时使用。如果拍摄的题材重复性较高，且使用的器材基本相同，那么可以充分运用"预设"功能来提高制作效率。

☞ 提示

在Camera Raw 14.4中，可以将蒙版的调整参数存储为预设。具体的操作方法是，先在"蒙版"面板中设置好参数，然后在"预设"下拉列表中选择"新调整预设"选项，再输入合适的名称并单击"确定"按钮 确定 即可。之后可以随时在"预设"下拉列表中选择并应用预设，如图2-33所示。

图2-33

选择相应的预设后，相关的参数会自动设置为所保存的数值，可以通过调整"数量"值对效果进行调整，小于100时为减弱效果，大于100时为增强效果。这个功能适合在较为复杂的参数组合下使用，可以提高制作效率。单击预设名称后，可以在弹出的下拉列表中对预设进行重命名或删除等操作，如图2-34所示。

图2-34

本章小结

本章的内容都是基本操作层面上的知识，可以通过操作帮助读者更直观地学习Camera Raw的使用方法。读者应重点掌握通过"智能识别"功能创建蒙版的方法，以及创建主体和背景两个基本蒙版的方法。"快照"工具 是一种重要的辅助工具，需要掌握其创建和应用方法。此外，要树立"一张原图，多种效果"的理念，建立扩展性的思维方式，并在今后持续加以运用。前期先以主体和背景这两个简单的要素为对象，并考虑如何优化它们的组合效果。

第 **3** 章

后期基础知识

　　使用Camera Raw对照片进行后期处理并不复杂，无非就是通过设置各种参数来调整照片，而且还可以通过"蒙版"工具 ◉ 快速地选择出需要调整的区域。一切看起来都很容易，但是究竟应该如何设置亮度和色彩等相关参数？不设置又会怎么样？相信很多读者都曾被这些问题困扰，本章就来解决这些问题。

3.1 亮度分布的特点

通常说一张照片太亮或太暗，这都属于直观感受。但是在照片中，亮度的分布并不限于直观感受，因为在"太亮"的照片中也存在较暗的区域，否则就是一片白色；同样在"太暗"的照片中也有较亮的区域，否则就是一片黑色。在后期制作中，亮度的分布情况不仅影响着图像的明暗，还在内容、色彩、饱和度和细节等方面起着决定性作用。而是否理解亮度分布的特点且能否适当加以运用，是衡量一个人后期处理水平的重要指标。

3.1.1 亮度分布

亮度的分布主要划分为高光和阴影两个部分。高光就是图像中比较亮的部分，阴影就是图像中比较暗的部分。图3-1所示为一张在夜晚拍摄的照片，其中的红点为高光部分，蓝点为阴影部分。我们可以看到，照片中高光与阴影的区分十分明显。

图3-1

选择"编辑"工具 ，在"编辑"面板中分别将"高光"与"阴影"设置为极大值和极小值，即可看到4种变化。在改变"高光"的值时，只有火花与受其照亮的区域发生了明暗变化，较暗的背景则不受影响，而改变"阴影"的值后的效果则相反，如图3-2所示。

图3-2

> ☞ **提示**
>
> 如果需要将参数更改为默认值，可以双击滑块或者按住Alt键将鼠标指针移到参数名称上。这时参数名称变为"复位"两个字，单击这两个字即可将参数更改为默认值，如图3-3所示。
>
>
>
> 图3-3

3.1.2 亮度分布对内容的影响

图3-4所示为两种调整情况的对比，一种是"上升高光/下降阴影"，即设置"高光"为+100，并设置"阴影"为 -100，画面中的内容明显减少；而另一种是"下降高光/上升阴影"，即设置"高光"为 -100，并设置"阴影"为+100，画面中的内容较丰富。

图3-4

出现上述两种情况的原因其实和摄影前期的拍摄原理是相同的。拍出来的过曝照片会明显偏白，极度过曝就是一片白色；而拍出来的欠曝照片则偏暗，极度欠曝就是一片黑色。在一片白和一片黑的区域中，自然看不到任何内容。只有当曝光准确时，内容才得以呈现，这样对应到之前的调整就不难理解了。图像中的高光区域原先就是偏亮的，将高光提亮就等同于过曝，而将阴影压暗就使得原先偏暗的阴影区域更暗了，等同于欠曝，结果就是图像中高光和阴影两个区域内的内容都消失了，例如高光处的火花和阴影处的桥梁。而反过来调整不仅可以避免过曝和欠曝，还能呈现出原图中未充分体现的内容。

> 👉 **提示**
>
> 智能手机能够直接对拍摄的内容进行亮度的调整并输出图像，因此常给人一种超越相机画质的感觉。这主要得益于软件算法的完善，以及高性能硬件的支持。

在图3-5所示的白天拍摄的照片中，同样存在高光和阴影两个部分。对其进行"下降高光/上升阴影"的调整，最明显的变化是照片中的内容更加丰富了，这是因为原图中有许多内容分布在阴影区域，将阴影提亮可使它们变得明显。此外，不难发现，调整后的天空显得更加蔚蓝，这个原理将在后面进行介绍。

图3-5

在图3-5这样的环境中，要想通过前期拍摄就体现出阴影区域的内容是很难的，因为天空部分已经足够亮了。正确的处理方法应该是只提亮阴影，不改变高光，但是在相机的曝光过程中它们是一起增减的，无法做到区别对待。所以无论是增加"曝光补偿"，还是对阴影区域使用"点测光"，都会导致画面的整体曝光量增加，极易造成天空过曝。如果调整程度超过宽容度则会导致画面细节完全丢失，又称"死白"，即使通过后期处理也无法还原细节。

　　"下降高光/上升阴影"这一调整方法之所以能够丰富照片中的内容，主要是因为提亮了阴影部分，而大部分高光区域只要不过曝，都较为明显。

3.1.3 色彩的呈现要素

视频位置	视频文件 >CH03>3.1.3 文件夹
素材位置	素材文件 >CH03>3.1.3 文件夹

　　在图3-6所示的照片中，原图是一张略微过曝的照片，其中天空的颜色偏灰白色。而色彩的正确呈现必须有适当的亮度作为支撑。如果亮度太高天空的颜色会偏向灰白色，太低则天空的颜色会偏向黑灰色，就如同过曝和欠曝一样。这张照片就是过曝导致天空部分的蓝色偏向了灰白色，解决方法就是将画面压暗（设置"曝光"为 -1.50）。这样的情况常见于户外晴天拍摄的场景中，主体一般都位于地面上，如果画面中包含天空，对地面使用"点测光"就容易造成天空过曝。

图3-6（卢增荣 摄）

虽然压暗画面可以还原天空的颜色，但是调整全局的亮度也会影响地面，因此需要单独对天空进行调整。单击"切换到默认设置"按钮▥恢复到原图状态，使用"选择天空"功能创建天空蒙版，然后设置"曝光"为 −1.50，如图3-7所示。

图3-7

使用蒙版可以单独对天空进行调整，且不会影响地面，但是如果放大图像后再进行查看，就会发现天空的蒙版并不精确。尤其是增大调整幅度之后，屋顶、右方树梢所在的区域，以及从地面延伸至天空的喷泉都会受到影响，如图3-8所示。

图3-8

这种边缘误差在调整幅度较小时不易被察觉，但是调整幅度变大后就会很明显。这是后期制作的难点之一，鉴定一幅作品是否经过后期处理的方法之一就是放大图像后查看其是否有此类边缘。要想解决此类问题，应先尽量避免大幅度调整图像，其次可以在蒙版上建立"过渡区"，这将在后面的内容中进行讲解。

• 使用混色器

观察图像中的色彩分布，会发现天空中主要分布着蓝色，所以天空太亮实际上就是蓝色太亮。因此可以不创建天空的蒙版，只需要降低图像中蓝色的明亮度。通过已创建的快照恢复到原图状态，然后在"编辑"面板中找到"混色器"选项，再设置蓝色的"明亮度"为 −80，能看到天空的颜色得到了改善，如

图3-9所示。这种调整方式不受蒙版的影响，而是根据颜色的分布来进行调整的，因此不容易出现边缘误差。

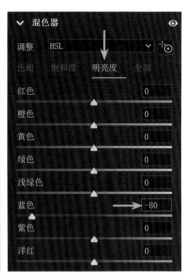

图3-9

在"混色器"选项中，还可以调整色彩的饱和度。如果不调整蓝色的明亮度，而是调整其饱和度，能否达到目的呢？下面来验证一下。

设置蓝色的"饱和度"为+100，如图3-10左图所示。与之前的效果（图3-10右图）进行对比，可以看到"明亮度"为−80的天空颜色表现得更好。这再次验证了在缺乏合适亮度的前提下，色彩的饱和度是无法充分体现的。即使将蓝色的"饱和度"参数值调到最大，天空的颜色还是偏白。

图3-10

由此可以总结出一个知识点，那就是在处理高光区域的色彩时，应先将其压暗，而不是提升其饱和度。换言之，高光区域的"饱和度问题"并不是单纯的饱和度问题，而是亮度问题。虽然这句话有些拗口，但是理解了以上内容就应该能够明白。

☞ 提示

亮度与色彩饱和度的关联是后期制作中的重要知识点，其应用贯穿所有的后期制作过程。因此，请务必完全掌握这些知识再继续学习。

接着根据照片中不同区域的颜色调整对应的"明亮度"参数。观察到屋顶的色彩饱和度不足，由于其位于高光区域，因此设置橙色的"明亮度"为 -60，如图3-11所示。

图3-11

处理好天空和屋顶后，可以看到树木的颜色还比较灰暗，此时可以调整黄色和绿色的明亮度来进行改善。不过此时需要提高而不是降低黄色和绿色的明亮度，如图3-12所示。之前降低了蓝色和橙色的明亮度，是因为这些区域偏亮。但是树木属于暗部，不存在偏亮的情况，如果降低其明亮度将使其呈现为暗灰色，画面会变成欠曝的效果。

图3-12

☞ **提示**

需要注意的是，某些元素的颜色是由多种色系组成的，如本例中的树木就包含黄色和绿色两个色系，需要统一调整。不确定的时候可以先调整一个色系，然后尝试调整相邻色系看看是否会产生影响。

在调整多色系的颜色时，可以使用"混色器"选项中的"目标调整"工具 ⊙，移动鼠标指针到图像中想要调整的位置，就会出现色系提示。成分多的颜色提示圈会大些，少的会小些，如图3-13所示，在树木位置会显示绿色和黄色两种颜色，位置不同显示的颜色也会有细微差别，有时候黄色多、绿色少，有时候相反或差不多。在需要调整的区域按住鼠标左键，然后左右移动鼠标即可进行调整，参数值会根据调整同步发生变化。

图3-13

在"混色器"选项中，还可以调整不同颜色的"色相"和"饱和度"参数。前面已经讲解了调整"饱和度"参数会对画面造成什么样的影响，而调整"色相"参数将会使颜色朝相邻色系偏移，可以理解为变色。图3-14所示为改变树木及其投影的色相的对比效果。

图3-14

● 处理黑白图像

学习了如何调整颜色的"明亮度"参数后，其实已经无形中掌握了一项技能，那就是处理黑白照片的方法。选择"编辑"工具，单击"黑白"按钮将照片转为"灰度"模式，此时"混色器"选项会变为"黑白混色器"选项，如图3-15所示。

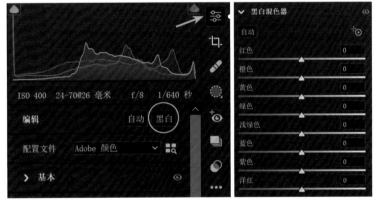

图3-15

将照片转为"灰度"模式后，曾经的艳丽画面会变得平淡无奇。这是由于照片在此模式下不存在色彩，因此画面的层次感无法再通过色彩体现，只能依靠不同的亮度来体现，需要设定原图中的某个颜色在黑白状态下的明亮程度。按照图3-16所示的参数进行设置后，画面的层次感得到了增强，其原理就是将画面中各元素的亮度进行差异化设置。

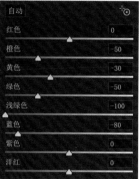

图3-16

当"黑白混色器"选项中的参数达到极值时，可以调整"基本"选项中的参数以增强调整效果，如图3-17所示。注意其中"白平衡"的设置对黑白图像的呈现效果有重要作用，可以调整"色温"与"色调"来观看相应的效果。

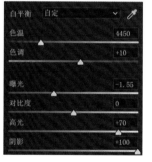

图3-17

提示

如果为每一步操作都创建了快照，那么可以在"快照"面板中依次看到各步骤的效果，回顾各项操作以理解亮度对颜色的作用。需要注意的是，退出Camera Raw时要单击"完成"按钮 完成 ，否则已创建的快照将不会被存储。

3.1.4 亮度分布对饱和度和细节的影响

视频位置	视频文件 >CH03>3.1.4 文件夹
素材位置	素材文件 >CH03>3.1.4 文件夹

亮度的分布不仅影响画面中内容的呈现，还影响图像的色彩饱和度和细节，这是一个易被忽略的重要知识点。

● 通过亮度差异增强饱和度

图3-18所示为设置"白色"为+70、"黑色"为 -50前后的效果对比。通过对比可以看出，画面的色彩与细节得到了增强，原图中的灰雾感也有所改善。

白色 +70
黑色 −50

图3-18（卢增荣 摄）

通过前面的学习，我们已经了解高光和阴影的含义。而白色就是高光的极限，黑色就是阴影的极限。高光和阴影是相对的，而白色和黑色则是绝对的，它们分别定义了照片中最亮和最暗的程度。可以这样来理解它们的作用，如果将"高光"的值调到最大而画面还是不够亮，则是因为高光的上限不足，此时就应该调大"白色"的值。同理，降低"黑色"的值，可以调低阴影的下限。

当增加白色并减少黑色时，相当于让原图中亮的区域和暗的区域变得更多，这样就增强了亮度对比。图3-19所示为对照片进行"加白减黑"调整前后的直方图，通过这两幅图可以看出，亮度的分布范围变得更广了。

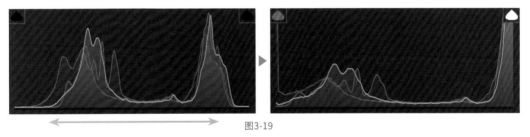

图3-19

如果不太理解上面的内容也没关系，只需要知道拉开白色与黑色的"距离"可以扩大亮度差异，而扩大亮度差异可以增强色彩饱和度即可。

在之前调整的基础上，再调整"高光"与"阴影"的值，进一步改善亮度分布情况，效果如图3-20所示。我们已经知道，色彩的充分体现需要依靠合适的亮度，而调整这些参数之所以能够有效地改善色彩，是因为在扩大亮度差异的同时，避免了局部过亮或过暗，这种均匀的亮度分布就是保证色彩充分体现的前提。

白色 +70
黑色 −50

高光 −100
阴影 +60
白色 +70
黑色 −50

图3-20

上述过程中所涉及的参数在Camera Raw的"编辑"面板中依次进行了"向左—向右—向右—向左"的调整，如图3-21所示。这是后续案例中常见的一个调整组合，适用于绝大多数照片的基础调整，简称为"左右右左"。

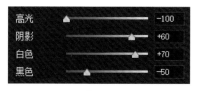

图3-21

☞ **提示**

在"基本"选项中可以看到"自然饱和度"和"饱和度"两个参数，暂时先不要通过这两个参数来改善画面的色彩饱和度，目前先坚持使用亮度差异来控制色彩饱和度。

放大图像后，可以看到画面中的细节也增强了，变得更加锐利，如图3-22所示。此原理为：细节的呈现基于亮度差异，亮度差异足够大才会产生细节。

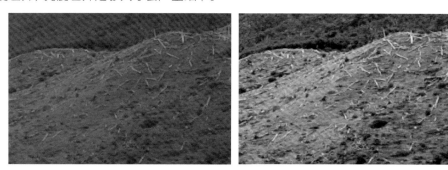

图3-22

● 通过亮度差异增强细节

很多人在拍摄照片时都有这样的体验，那就是将相机对着白墙是很难合焦的，但是如果墙上有一些花纹或斑点就没有问题，这是因为相机的对焦系统是通过寻找差异来合焦的。花纹或斑点之所以能被识别，就是因为它们与白墙之间存在亮度差异。如果花纹和斑点属于细节，那么形成这个细节的原因就是有明显的亮度差异。当差异较小或无差异时，细节就不明显，甚至可能会消失。

对图3-23所示的照片进行"加白减黑"的调整后，羽毛的细节得到了增强。为这个效果创建快照，便于与后面的效果进行对比。

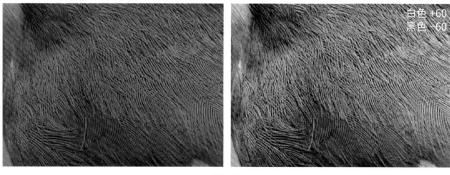

图3-23

将图像切换回原图状态，将原图的"锐化"值调至最大，"锐化"位于"细节"选项中。与"加白减黑"的效果进行对比，如图3-24所示，不难看出其细节增强得并不明显，色彩的艳丽程度也不如之前，画面中还多了大量噪点，总体来说是得不偿失的。

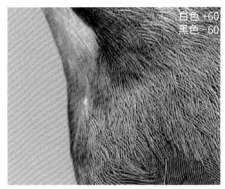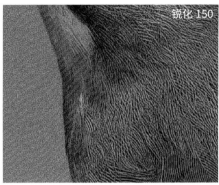

图3-24

如果没有足够的亮度差异，单纯依靠"锐化"调整是很难有效增强细节的，而且还容易增加噪点，降低画质。通过亮度差异来增强细节则不会有这个问题，这是一种"环保锐化"。在需要增强画面细节时，应该先想到扩大亮度差异，落实到操作上就是拉开白色和黑色的"距离"。通过这个方法，可以在不调整"锐化"的前提下，有效地增强画面细节。

提示

> 本书极少使用"锐化"参数来调整照片，这主要是因为原图本身已准确合焦，通过改变亮度差异就能体现足够多的细节了。如果仍无法体现一般是未准确合焦，那么使用"锐化"参数也无法增强细节。只有在纠正轻微失焦或者需要营造轮廓感时，会小范围地使用"锐化"参数。因此暂时不要使用"锐化"参数来调整照片，目前先通过亮度差异来调整照片。

● 照片"通透感"的营造

在使用中长焦镜头拍摄风光时，常会觉得照片被蒙上了一层灰雾，又称"不够通透"。那么，如何营造照片的"通透感"呢？下面将讲解两种方法。

亮度差异

灰雾现象产生的主要原因是空气中的尘埃和水蒸气等杂质让光线发生了漫反射，其效果类似于镜头起微雾。当透过起微雾的镜头进行拍摄时，就会使画面中该黑的地方不够黑，该白的地方也不够白，从而导致亮度差异不足，而扩大亮度差异就会得到明显成效。对图3-25所示的照片进行"左右右左"的调整后，可以明显感受到照片的灰雾感消失了。

图3-25

使用长焦镜头拍摄的照片的灰雾现象会更加明显。因为相比起广角镜头，长焦镜头记录的空间距离更深远，所以受到的影响也会成倍增加。空气相对纯净就不容易产生灰雾感，所以在高海拔地区拍摄的照片很少有这类问题，而提倡在雨后拍摄也是参考了这个原理。

> **提示**
>
> 相信很多人都曾尝试过用"对比度"参数来改善图像，这种方法是错误的。虽然调整"对比度"参数的本质就是扩大或缩小亮度差异，但是其改变的幅度是相同的。而在绝大多数后期调整中，需要对照片进行不同幅度的调整，因此本书中不涉及"对比度"参数的调整。我们处理照片时暂时不要调整"对比度"参数，足够熟练后再进行尝试。

去除薄雾

当照片中的灰雾现象较为严重时，仅通过"左右右左"的调整很难将其完全改善，此时可以调整"去除薄雾"这个参数来提升照片的"通透感"。在图3-26所示的照片中，图（a）为使用"自动调整"功能调整后的效果，图（b）为通过图（c）所示参数调整后的效果。

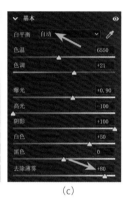

(a)　　　　　　　　　　　　　(b)　　　　　　　　　　　　　(c)

图3-26

在拖动"去除薄雾"滑块时，可以明显看到图像亮度和颜色的剧烈变化，其中最明显的是黑色的增加。其实这个参数也是通过亮度差异对图像进行调整的，只不过它的调整幅度更大。它有两个较明显的副作用：一是会使画面整体变暗，二是会引发白平衡偏移。此时需要调大"曝光"值，并将"黑色"归零，然后设置"白平衡"为"自动"。

当必须使用"去除薄雾"参数来调整照片时，建议先设置"高光"为 –100，"阴影"为+100，然后设置"白色"与"黑色"为0，再调整"去除薄雾"的值，直至满意为止。此时如果图像太暗，那么再调大"白色"的值。如果已至局部过曝还无法满足整体亮度要求，那么需要设置"白色"值在局部过曝值以下，再调大"曝光"值。白平衡问题相对容易解决，先设置"白平衡"为"自动"，观察效果即可，如不准确再尝试手动设置其值。

• 削弱色彩和细节

在对照片进行后期处理时，虽然需要增强其中大部分元素的细节，但是有些依靠柔和感来表现的元素并不适合增强细节，例如云雾、用慢门拍摄的流水和人物的面部等。对人像照片分别进行扩大和缩小亮度差异的操作对比效果，如图3-27所示。放大后可以明显看到，皮肤并不适合增强亮度和细节，而应当通过反向调整来削弱其效果。

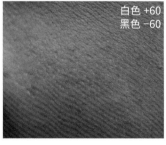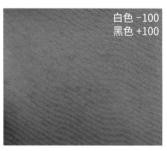

图3-27

除了可以通过调整亮度来改善皮肤质感，还可以通过调整其他参数来使皮肤达到细腻的效果，具体的操作是降低"纹理""清晰度""去除薄雾"的值。图3-28所示为照片处理前后的对比效果，图中的参数组合适用于处理人物的肌肤。在后面的内容中，我们也会遇到其他需要削弱图像细节的情况。

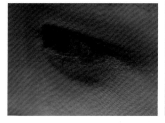

色温 4500
色调 +17
曝光 +1.50
纹理 −100

图3-28

3.2 环境要素的处理

视频位置	视频文件 >CH03>3.2 文件夹
素材位置	素材文件 >CH03>3.2 文件夹

在学习了亮度分布对图像的影响及相关的调整方法后，需要将其与创作思路相结合，本节将探讨如何处理常见的单主体类型照片中的环境要素。

在图3-29所示的照片中，高光对应照片中的人物，阴影对应背景。那么此时就需要先明确创作的方向，再落实到具体操作上。可以确定的是，一定要保留主体人物，接近过曝的火花需要被压暗，即需要压暗高光。接下来需要确定的是背景是提亮还是压暗，这取决于照片的应用方向，如果是用于纪实则需要交代环境要素，如果是突出人物则可以淡化环境。

图3-29

图3-30所示为进行两种处理后的效果图。左图为压暗高光，并提亮阴影，然后使用"选择主体"功能创建人物蒙版，局部提高人物的"清晰度"以增强质感。右图为同时压暗高光和阴影，并适当增加白色以确保亮度，然后创建人物蒙版，局部增加人物的"纹理"以增强质感。

图3-30

　　由于在全局亮度中无法完全压暗背景，因此通过"选择主体"功能和"反相"操作创建背景的蒙版，减少背景的黑色。图3-31所示为背景调整（设置"黑色"为 –100）前后的对比效果。

图3-31

　　上述案例中对照片做的处理是在较为理想的情况下进行的，因为通过调整高光与阴影就可以基本实现两种方向的制作，创建蒙版只是为了进一步加深效果。对于背景蒙版，之所以选择减少黑色而没有减少曝光，是因为背景的蒙版并不精确，还含有一部分火花，如果减少曝光会同时压暗属于高光区域的火花。而我们需要压暗的就只有阴影，黑色是阴影的极限，并不包含高光中的火花，所以减少黑色就可以达到目的。

　　如果调整全局亮度无法很好地表现环境要素，则可以考虑创建蒙版选区来实现需要的效果。图3-32所示为对照片进行黑白处理的效果对比。在两种效果中，对人物的处理基本一致，区别在于对背景的处理，分别采用了压暗和提亮两种方式。

图3-32（林完生 摄）

3.3　图像的裁剪

视频位置	视频文件 >CH03>3.3 文件夹
素材位置	素材文件 >CH03>3.3 文件夹

　　在后期制作中，经常会通过裁剪来重新构图，下面介绍如何裁剪图像。选择"裁剪"工具 **ↁ**（快捷键为C），画面中会出现裁剪框，移动鼠标指针至右上角的控制点处，按住鼠标左键往左下方拖曳就可以调整裁剪范围，之后按住鼠标左键并拖曳鼠标就可以移动照片，如图3-33所示。移动鼠标指针至裁剪框内，双击或者按Enter键（回车键）即可确认裁剪。

图3-33

如果要更改构图方向，可以单击"裁剪"面板中的"调换长宽比"按钮▢（快捷键为X）。在"长宽比"选项中可以更改图像的显示比例，如图3-34所示。

图3-34

☞提示

在裁剪框内单击鼠标右键，在弹出的快捷菜单中执行"显示叠加"命令可选择是否显示参考线；执行"叠加样式"命令可以更改参考线类型。除此之外，在"裁剪"面板中还可以将图像进行旋转或翻转，这些操作在本书的案例中使用较少。

当鼠标指针在裁剪框外变为转角箭头时，按住鼠标左键并拖动，或者更改其"角度"值可以旋转裁剪框，如图3-35所示。也可以选择"拉直"工具▤（快捷键为A），在图像中画线来设定水平线或垂直线。如果图像中有明显的参照物，双击"拉直"工具▤按钮可以自动拉直图像。建议勾选"限制为与图像相关"选项，避免图像溢出边界。

图3-35

在Camera Raw中进行的裁剪是无损的，被裁掉的部分只是隐藏起来了。之后如果再次选择"裁剪"工具▣可以更改构图，取消裁剪操作可恢复到图像的原始状态。虽然裁剪后也可以恢复图像，但是会损失像素，因此最好在前期就完成构图。

本章小结

本章的学习重点有两个：一是理解亮度的组成，以及亮度差异对图像色彩和细节的影响，对应后面要学习的"视觉权重律"，调整亮度差异是营造画面影调层次的重要手段，因此务必完全掌握该知识点；二是了解"左右右左"的调整组合，实际应用中应视图像的具体情况进行调整，不是一定要调整这4个参数。例如，画面接近过曝时就不应再调大"白色"的值，画面过暗时就不应再调小"黑色"的值等。调整的最终效果应以视觉审美为准，不必强调具体数值，也不要依赖直方图中的显示。直方图只是一个辅助工具，不能代替摄影审美，也不存在所谓的标准形状。

图像的整体调整与局部调整

本章将讲解Camera Raw的各项功能与多个工具的使用方法，带领读者掌握更多的照片处理方法。之前已经讲解了一些整体调整功能，本章将重点讲解局部调整的工具与方法。为了让案例图的效果更加明显，本书案例图的调整幅度都较大，实际操作时可以适当地降低调整幅度。

4.1 整体调整

整体调整就是在全局层面上对照片进行处理，这是在进行局部调整前的固定操作。调整时常用"编辑"工具 ，其中包含"基本""曲线""细节""混色器"等选项。在此之前，我们已经使用过其中的部分参数来处理照片了，本节将按用途介绍一些其他功能。

4.1.1 畸变校正

视频位置	视频文件 >CH04>4.1.1 文件夹
素材位置	素材文件 >CH04>4.1.1 文件夹

使用广角镜头拍摄的照片中的景物容易产生梯形畸变。

● 自动

本例的效果对比如图4-1所示，先对图像的亮度和色温进行调整，然后处理左侧舞台倾斜的问题。图中的A线和B线为贴合舞台边缘的两条线，B线是垂直于舞台的，A线和B线并不相互平行。所以这是畸变而不是倾斜，不能简单地通过旋转图像来进行校正。

图4-1

此时，可以使用"编辑"工具 中的"几何"选项来校正图像。如果画面中存在明显的"线条"内容，如地平线或建筑边缘等，可以在"几何"选项中单击"自动"按钮 ，这样就完成了此类轻微畸变的校正，如图4-2所示。

图4-2

☞ **提示**
需要注意的是，畸变校正改变了原图内容的相对位置，这在某些纪实类影赛中是禁止的。而裁剪和旋转没有改变画面中物体的相对位置，所以这些是被允许的操作。在进行影赛投稿前需详细了解比赛规则。

- ## 纵向

　　航拍由于高度更高，俯拍地面时畸变会更加明显，此时使用"自动"功能的调整效果并不明显。因此可以使用"纵向"功能，根据画面的纵向透视效果对其进行校正。校正后图像变为梯形，且有部分画面溢出边界，如图4-3所示。出现这个效果是因为原图属于梯形畸变，此时需要用一个"反梯形畸变"来对其进行抵消。

图4-3

　　校正后需要裁剪掉溢出的部分，勾选"限制裁切"选项即可实现自动裁剪。如果对裁剪后保留的内容不满意，可以使用"手动转换"功能，设置"纵向补正"为 -20.6，如图4-4所示，让裁剪部分向上移动一些。同理也可以根据需求调整其他参数。

图4-4

　　完成校正后对照片做常规调整，效果如图4-5所示。

图4-5

- ## 参考线

　　上述两种裁剪是软件自动进行的，在图像内容较为复杂时就会失效。图4-6所示的照片中存在畸变现象，使用任何功能都不能很好地校正它，此时就需要绘制参考线来进行校正。单击"参考线"按钮，然后在照片中本该垂直的位置绘制参考线，在照片的左右两端各绘制一条参考线。存在两条参考线时画面就会自动校正。

 +  =

图4-6

接着绘制两条水平的参考线，分别对应房顶和地面，每绘制一条参考线画面都会自动校正一次，最终形成两横两竖4条参考线，校正后的建筑物如图4-7所示。在"手动转换"选项中，设置"长宽比"为+14，使人物看起来瘦高一些。注意观察画面的边缘，会发现裁剪导致部分内容消失了。因此在拍摄此类需要后期进行校正的照片时，最好在边缘部分预留足够的空间。

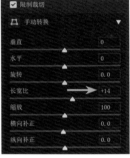

图4-7

4.1.2 营造颀长效果

视频位置	视频文件 >CH04>4.1.2 文件夹
素材位置	素材文件 >CH04>4.1.2 文件夹

在人像摄影中，常使用85mm或135mm定焦镜头以获得较好的构图，但此时很难通过边缘畸变营造颀长效果，可以通过畸变校正来营造这种拉伸感。对图4-8所示的照片进行处理，改善了人物的身材比例，并使用了非常规的参数组合来调整照片的亮度。

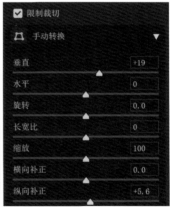

色温 6300
色调 +27
曝光 +1.25
高光 −100
白色 −100
黑色 +75

图4-8

☞ **提示**

在处理卧像照片时，可以调整"水平"参数来进行拉伸，而且应尽量让人物远离图像边缘，并位于中心位置，否则容易产生不规则变形。需要注意的是，要避免大幅度调整参数，轻微调整即可。

4.1.3　消除紫边和绿边

视频位置	视频文件 >CH04>4.1.3 文件夹
素材位置	素材文件 >CH04>4.1.3 文件夹

在逆光环境下，使用大光圈拍摄的照片常会出现紫边和绿边现象。放大照片就会看到在人物的左手和右肩处分别有紫边和绿边现象。勾选"光学"选项中的"删除色差"选项就能消除轻微的边缘色差。如果较严重，则需要在"去边"选项中调整相关参数。在设置"紫色数量"和"绿色数量"时，需要注意色相范围是否合适。在消除绿边时，使用默认的"绿色色相"效果不佳。观察图像可以看到绿边位于蓝色衣服的边缘，因此将"绿色色相"滑块向蓝色方向调整，就能很好地消除绿边了。相关调整效果及操作如图4-9所示。

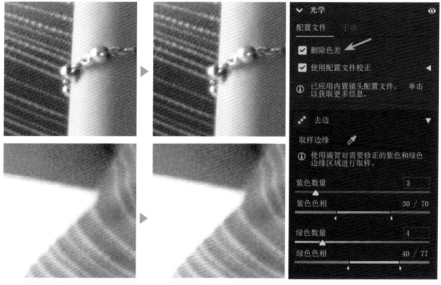

图4-9

今后遇到此类情况时都可以尝试调整对应的色相，但是调整幅度太大可能会影响照片中的色彩，因此需要边观察边调整。即便消除了严重的紫边和绿边，也会留下明显的痕迹，前期拍摄时应注意避免产生这种现象。此外，建议始终勾选"使用配置文件校正"选项。系统可以根据相机和镜头的型号与规格做出厂家建议的校正，如消除畸变（扭曲度）和减轻暗角（晕影）等。如果对校正效果不满意，可以单击"手动"进行自定义设置，如图4-10所示。调整"晕影"的值能产生突出主体并淡化背景的效果，但是建议不要使用这个参数进行调整。在后面的案例中，我们有更好的方式来实现这个效果。

图4-10

4.1.4 锐化与降噪

视频位置	视频文件 >CH04>4.1.4 文件夹
素材位置	素材文件 >CH04>4.1.4 文件夹

锐化与降噪也是摄影后期中常用的处理方法。提高锐度可以让照片看起来更清晰、锐利；而通过某些"ISO 感光度"拍摄的照片和增加曝光后仍欠曝的照片存在很多噪点，降低噪点可以让照片看起来更平滑。下面介绍相关的操作方法。

● 锐化

如图4-11所示的照片，为了让画面效果更突出，先设置"曝光"为2.00，然后选择"细节"选项，设置"锐化"为150。画面变得锐利了，但同时增加了很多噪点。

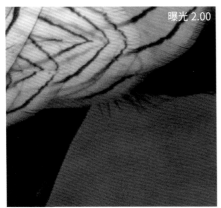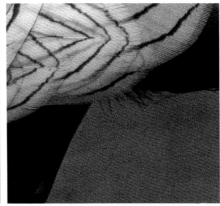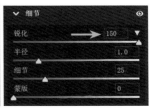

图4-11

仔细观察图像，会发现噪点在背景中特别显眼，但在羽毛中相对不那么明显，这是一种视觉差异。设置"蒙版"为50，就会发现背景中的噪点减少了，如图4-12所示。其中，"半径"用于控制锐化的面积，"细节"用于控制锐化的程度，均保持默认值即可。

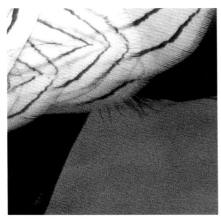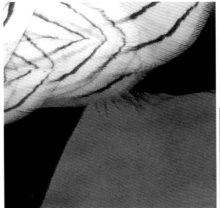

图4-12

这里涉及一个新的概念：图像是由"连续区域"和"边界区域"组成的。连续区域是指亮度或色彩变化较平缓的区域，边界区域就是变化较剧烈的区域。按住Alt键并单击"蒙版"滑块，图像会切换为灰度模式。

通过对比可以看出，其中较亮的区域为边界区域，较暗的区域为连续区域，如图4-13所示。

图4-13

噪点和细节都是由亮度差异形成的杂色，因此也可以认为它们是同一类事物，只是其分布在边界区域时能增强图像细节，对图像是有益的；分布在连续区域时会增加噪点，对图像是有害的。明白这个原理后，如果使杂色仅对边界区域有效，对连续区域无效，那么画面效果就完美了。"锐化"选项中的"蒙版"可以控制连续区域和边界区域的比例，但是它的控制效果往往不佳，因此使用较少。

 提示

需要注意的是，"锐化"选项中的"蒙版"与之前用来分区域处理图像的蒙版完全不同，不要混淆。

● 降噪

Camera Raw中的"降噪"功能就是位于"锐化"选项下的"减少杂色"选项。其作用是通过消除亮度差异来抹平细节，从而使图像变得平滑，如图4-14所示。

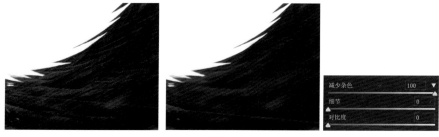

图4-14

使用"减少杂色100/细节0/对比度0"这个参数组合，理论上可以消除照片中的任何噪点，但是容易损失原图的细节，因此需要谨慎使用，如图4-15所示。

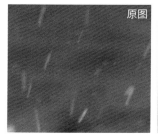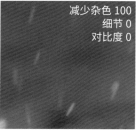

图4-15

"减少杂色"选项下还有"杂色深度减低"选项，使用这个选项可以消除极度欠曝画面中的彩色噪点，相关设置会在后面具体介绍。

4.1.5 替换色彩

在"颜色分级"选项中，可以根据明亮度范围来替换色彩，适合在有较明显的亮度对比时使用。如图4-16所示的照片，将原图中高光区域的颜色替换为暖黄色，将阴影区域的颜色替换为冷蓝色，形成一种冷暖对比的效果。

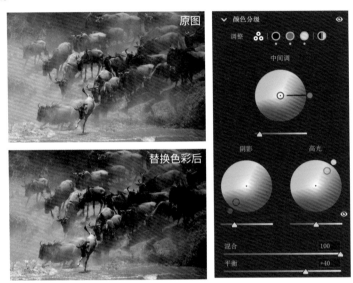

图4-16（蔡长银 摄）

4.1.6 其他功能

"编辑"工具中还有"曲线""效果""校准"选项，如图4-17所示。"曲线"通过控制点来调整照片的亮度和色彩，它在早期的Photoshop中是非常重要的，适合用来做设计，但是不适合用在摄影后期处理上。因为它的概念抽象，使用起来也不够方便。调整"效果"选项中的参数，可为照片添加类似胶片的颗粒感，以及在照片四周生成可调的暗角样式。调整"校准"选项中的参数，可以纠正图像中的色彩偏差。虽然调整"校准"选项中的参数对图像也有调整效果，但是这种方式不适合作为常用的调整手段。

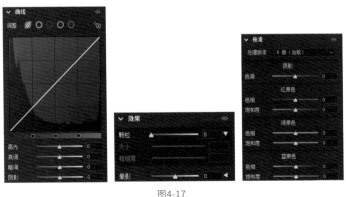

图4-17

4.2 局部调整

为了让后期作品有更好的效果，需要进行局部调整，使得照片中的亮度分布更符合摄影的审美特征。可以通过"选择主体"和"选择天空"功能创建蒙版，实现对主体和背景的分别调整，但是这仅限于画面主体较明确的情况。在处理含有复杂元素的照片时，可以使用"蒙版"工具■中的其他工具绘制调整区域。

4.2.1 使用"线性渐变"工具

视频位置	视频文件 >CH04>4.2.1 文件夹
素材位置	素材文件 >CH04>4.2.1 文件夹

如图4-18所示，选择"线性渐变"工具■（快捷键为G），单击照片中偏下的区域并向上拖曳，绘制出渐变区域。绘制出的蒙版将叠加上颜色，调整相关参数后叠加的颜色将会消失，并显示出调整后的效果。图中的照片是在阴天拍摄的，由于缺乏明暗变化因此画面的影调过于平淡。设置"曝光"为 -1.80，为下方的草丛添加明暗变化。渐变的起点显示为红点，终点显示为白点。

图4-18

> 🤚 **提示**
>
> 如果在绘制出渐变区域后，右侧面板中显示了调整后的参数值，说明系统沿用了之前的调整数值。可在右侧面板最底部勾选"自动重置滑块"选项，这样参数会自动归零，建议保持勾选该选项以避免混淆。

通过拖曳渐变指示上的不同部位，可以更改其大小、位置和角度，也可以通过渐变区域外的独立控制点旋转渐变区域，旋转时按住Shift键可以锁定旋转方向或者以整数角度进行旋转，如图4-19所示。

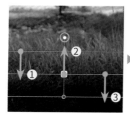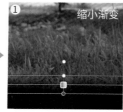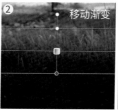

图4-19

完成地面的调整后，可以使用"线性渐变"工具■创建天空的蒙版。单击"创建新蒙版"按钮 ⊕ 创建新蒙版 后绘制渐变区域，可以从图像的上半部分开始向下绘制。此处除了需要压暗画面，还需要调整"色温"的值，如图4-20所示。

图4-20

与地面不同，蒙版对天空较为敏感，上面创建的蒙版在图像中有明显的边界，这是不合理的。改善这个现象有两种方法：一是整体移动渐变区域到地平线附近，用图像中的元素来冲淡边界；二是扩大渐变范围，让亮度和色彩的变化变得平缓，如图4-21所示。

图4-21

使用"线性渐变"工具■创建蒙版是很简单的。它的作用范围并不是从渐变起点开始，而是从图像边缘开始，渐变起点只是渐变开始的位置，到渐变终点结束。如果只想在图像的中间区域进行调整，就不能使用"线性渐变"工具■。

4.2.2 使用"径向渐变"工具

视频位置	视频文件 >CH04>4.2.2 文件夹
素材位置	素材文件 >CH04>4.2.2 文件夹

使用"径向渐变"工具 ⬤（快捷键为J）可以绘制出椭圆形的渐变区域，拖曳鼠标即可完成绘制，在绘制时建议稍微带些倾角，这样绘制出的渐变区域比较明显。"羽化"值保持默认的50即可，如图4-22所示。

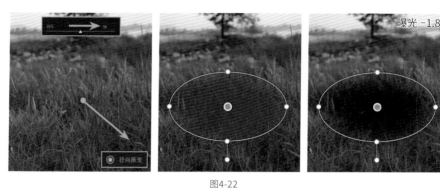

图4-22

"羽化"可以理解为从圆心向四周发散的淡化，"羽化"值越小淡化效果越明显，值越大则越不明显，如图4-23所示，建议保持默认值。在后续用到"径向渐变"工具 ⬤ 的案例中，如果无特别说明，那么"羽化"值即默认为50。

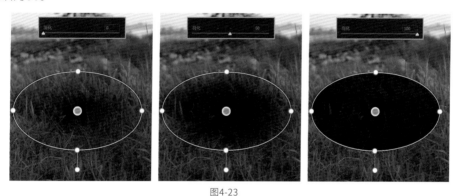

图4-23

可以对已绘制的渐变区域进行修改，如位置（①）、大小（②）和角度（③）等，如图4-24所示。方法不再赘述，具体操作可以自行尝试。

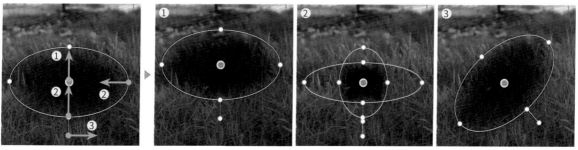

图4-24

绘制的渐变区域有一个重要的特性，那就是支持"反相"，这与之前使用"选择主体"功能创建蒙版并进行"反相"操作的效果一致。在蒙版的"径向渐变"组件上单击鼠标右键并在弹出的快捷菜单中执行"反相"命令（或单击"反相"按钮）后，起作用的区域从"径向渐变"内部变成了其外部，如图4-25所示。这是一个十分简单却非常有用的功能，通过它可以快速地营造基本的影调层次，可以说它是本书最重要的后期调整功能之一，后面会对其进行更详细的讲解。

图4-25

　　可以绘制出多个径向渐变区域，然后分别对它们进行调整，如图4-26所示。

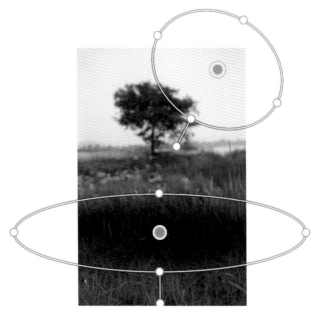

图4-26

4.2.3 使用蒙版运算功能

视频位置	视频文件 >CH04>4.2.3 文件夹
素材位置	素材文件 >CH04>4.2.3 文件夹

　　如果要做出不同的调整效果，则需要创建新的蒙版项目。而如果要在一个蒙版中增加或减少调整区域，可以单击"添加"按钮 添加 或"减去"按钮 减去 ，然后选择合适的工具对蒙版区域进行增减，这类操作称为蒙版运算。

● 增加或减少调整区域

在一个蒙版中，可以先使用"线性渐变"工具 ■ 进行绘制，然后单击"添加"按钮 ■ 添加 ，再使用"径向渐变"工具 ◎ 进行绘制，这样就可以得到增加调整区域的效果。如果要在"线性渐变"区域中减去"径向渐变"区域，可以直接单击"减去"按钮 ■ 减去 ，或者在绘制完成后，在蒙版的"径向渐变"组件上单击鼠标右键并在弹出的快捷菜单中执行"转换为删减"命令，这样就可以得到相减的区域（这两种方法的最终效果是一致的）。增加或减少调整区域的操作及效果如图4-27所示。

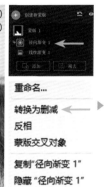

图4-27

☞ **提示**

将已有的"径向渐变"组件设置为"转换为删减"后，"径向渐变"组件的图标 ◎ 上会出现一个减号，照片中也会显示一个减号。这是一个小细节，有助于我们判断当前的操作情况。

● 蒙版交叉对象

将照片中人物衣服的下半截改为蓝紫色。由于只需要更改衣服的局部颜色，因此不能使用"选择主体"功能来创建蒙版，否则整个人物的颜色都会被改变。此时可以使用"径向渐变"工具 ◎ 绘制需要调整的区域，如图4-28所示。

图4-28

但是由于绘制的渐变区域不够精确，对周围的环境也产生了影响。需要将渐变的效果限制在人物区域内，在已添加的"径向渐变"组件上单击鼠标右键，在弹出的快捷菜单中执行"蒙版交叉对象>选择主体"命令，这样就保留了渐变和主体的交集区域，如图4-29所示。

图4-29

同理，单独调整人物的面部时也可以用这个方法，如图4-30所示。为了让效果更明显需压暗背景。另外，头发不该随着面部一同被提亮，头发属于阴影区域，因此可以压暗阴影以抵消增加曝光带来的影响。

图4-30

掌握"蒙版交叉对象"命令的用法后，可以通过"径向渐变＋选择主体"交叉蒙版对主体的任意区域进行调整。

案例："径向渐变"工具实战（营造影调）

视频位置	视频文件 >CH04> "径向渐变" 工具实战（营造影调）文件夹
素材位置	素材文件 >CH04> "径向渐变" 工具实战（营造影调）文件夹

本案例将以纪实照片为例，讲解"径向渐变"工具 的操作技巧。图4-31所示为用该工具调整照片的对比图，可以看到处理之后的照片的层次变得更丰富了。建议为每一步操作都创建快照，便于回溯操作步骤。

图4-31

01 在全局中压暗高光并提亮阴影，这样是为了充分展现画面内容。画面已经有足够的亮度差异，所以无须改变白色和黑色，如图 4-32 所示。

02 创建蒙版，使用"径向渐变"工具 绘制出人物所在的区域，然后对其进行"反相"操作，并减少曝光，使除主体人物外的元素均被压暗，画面的层次感有所增强，如图 4-33 所示。

高光 −100
阴影 +100

图4-32

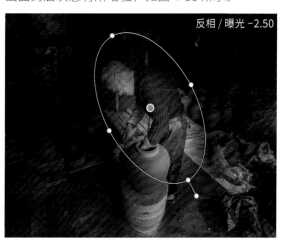

反相 / 曝光 −2.50

图4-33

☞ **提示**

这里之所以不使用"选择主体"功能，是因为该功能对主体的判断不够精确，而且通过这个功能创建的蒙版会形成过于明显的明暗边界，痕迹明显。而绘制的渐变区域由于自带"羽化"特性，可以令明暗变化的边缘过渡得较为自然、柔和。

03 在已经被压暗的背景中找出有助于表达主题的区域并为其增加曝光，使其变得更明显。为了避免混淆，建议修改蒙版的名称。可以看到"局部加亮"蒙版中添加了多个"径向渐变"区域，分别对应图中的多个红色区域，它们共享同一组参数，如图 4-34 所示。

图4-34

04 除了要提亮画面中的部分区域，还需要压暗画面中的蓝色区域。使用"径向渐变"工具 ◉ 创建两个蒙版，然后对其进行压暗，如图 4-35 所示。需要注意的是，这两个蒙版的部分区域是位于图像外的。

图4-35

05 在全局中提高照片的清晰度以提升质感，如图 4-36 所示。至此，这张照片的后期制作就完成了。

图4-36

👉 **提示**

需要注意的是，退出Camera Raw时记得要单击"完成"按钮 。

案例："径向渐变"工具实战（营造冷暖对比）

视频位置	视频文件 >CH04> "径向渐变"工具实战（营造冷暖对比）文件夹
素材位置	素材文件 >CH04> "径向渐变"工具实战（营造冷暖对比）文件夹

本案例仍以纪实照片为例，讲解"径向渐变"工具 ⊙ 的操作技巧。图4-37所示为用该工具调整照片的对比图，可以看到处理之后照片的层次变得更丰富了，并且通过改变色温，形成了冷暖对比的效果。建议为每一步操作都创建快照，便于回溯操作步骤。

图4-37（李在定 摄）

01 在全局中压暗高光并提亮阴影，然后用"径向渐变"工具 ⊙ 围绕人物的头部与胸部创建蒙版，再进行"反相"操作并压暗，如图 4-38 所示。

图4-38

02 使用"径向渐变"工具 ⊙ 创建不同区域的蒙版，然后分别对它们进行调整，如图 4-39 所示。红色蒙版的作用是提亮人物的身体部分和其周围的元素，绿色蒙版的作用是为木船添加暖调，蓝色蒙版的作用是添加冷调以增强画面的冷暖对比，紫色蒙版的作用是突出人物面部。

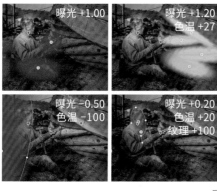

图4-39

03 调整了照片中的各个区域后，还可以在全局中进行调整。先调整画面的色温，然后调整画面中部分过暗的区域，并降低其自然饱和度，如图 4-40 所示。至此，这张照片的后期制作就完成了。

色温 4000
曝光 -1.50
高光 -100
阴影 +95
白色 +95
黑色 +90
清晰度 +100
自然饱和度 -30

图4-40

提示

除了上述的效果，还可以更改木船上暖调区域的位置和大小以形成其他效果，如图4-41所示。

图4-41

营造影调层次是摄影后期中的基础处理，既可以弥补原片的缺陷，又可以让制作者在制作过程中领悟到照片中的不足之处，从而提高前期拍摄的水平。因此，摄影后期和前期并不是对立关系，后期的目的也不是颠覆或取代前期，而是为了反哺前期。希望读者可以在制作过程中不断思考，在思考中总结，不断地改进不足，这样就能提高前期的拍摄质量。换言之，学习后期的最终目的是不做或少做后期处理。

提示

印刷无法完全重现计算机屏幕上呈现的色彩，为了能在书中看出区别，因此本书在案例中都进行了较大幅度的调整。实际操作中显色效果可能较为强烈，调整时可适度降低幅度。而完全使用书中所列参数得到的效果，也可能与图示并不相同，这是由于显示设备中用于显示亮度或色彩的硬件存在差别。如遇到此类情况，可以自行对参数进行调整。

此外，本书遵循"去参数化"原则。在初期会详列参数，之后会逐渐简化，仅给出指导方向，最后则仅表述效果，不再提示具体参数和调整方向等。因此，对于已经讲解的知识点，读者务必认真练习，确保完全掌握后，再继续学习后续内容，不要忽略某些内容或跳跃章节学习。

4.2.4 使用"画笔"工具

视频位置	视频文件 >CH04>4.2.4 文件夹
素材位置	素材文件 >CH04>4.2.4 文件夹

虽然通过渐变工具已经可以绘制出需要调整的局部区域，但是受限于其特点，无论是使用"线性渐变"工具■还是"径向渐变"工具■，都很难绘制出复杂的形状，这时可以通过"画笔"工具■（快捷键为K）来解决这个问题。

• "画笔"工具

使用"画笔"工具■画出的区域可以不受限制地作用于蒙版的任何位置，还可以根据需求调整笔刷的

参数。调整"大小"值可以修改笔刷的粗细；调整"羽化"值可以修改笔刷边缘淡化的程度，与"径向渐变"工具■中的"羽化"相同；调整"流动"值可以控制单次绘制的程度；调整"浓度"值可以控制总的绘制程度。此处设置"羽化""流动""浓度"的值为100并保持不变，今后需要修改时会单独说明。这些参数的下方有一个"自动蒙版"选项，先不要勾选。单击"更多画笔设置"按钮■■■并取消勾选"单个橡皮擦设置"选项，然后按住鼠标左键并拖曳鼠标进行绘制，松开鼠标可结束绘制，增加曝光并观察画面效果，如图4-42所示。

图4-42

在蒙版中绘制调整区域的时候按住Alt键，笔刷会切换为减去模式，其效果类似于橡皮擦。此时在画面中涂抹就会减去之前绘制的区域，松开Alt键即可恢复为添加模式。通过这种切换可以绘制出任意形状的区域，如图4-43所示。

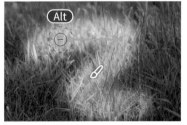

图4-43

绘制的区域中会显示一个画笔形状的鼠标指针■，拖曳鼠标可以移动整个绘制区域，如图4-44所示。单击鼠标右键会弹出快捷菜单，可以对绘制的区域及其作用的蒙版进行操作。

图4-44

• 自动蒙版

当使用"画笔"工具✐绘制树木时，在取消勾选"自动蒙版"选项的情况下是较难做到的，绘制的区域很容易就溢出到天空中。而勾选"自动蒙版"选项之后，只要在绘制过程中将笔刷的中心点保持在树木上，系统就会自动判断边界，这样就不会溢出到天空中了，如图4-45所示。

图4-45

"自动蒙版"功能也可以在减去模式下生效。如果从天空中减去蒙版区域，在勾选"自动蒙版"选项的前提下，就不会波及树木，而取消勾选"自动蒙版"选项则会令树木受到影响，如图4-46所示。

图4-46

"画笔"工具✐结合"自动蒙版"功能，可以让系统通过画面中的色彩与亮度区别来判断绘制的边界。虽然该功能容易导致涂抹不均匀，但是它在智能识别出现之前是很重要的功能，因为经常需要通过"自动蒙版"功能来绘制主体区域。即便是现在，在智能识别的效果不佳或失效时，还是要依靠它来完成制作。所以，需要熟练掌握这个功能的使用技巧。

☞提示

在Camera Raw 15.0版本中，新增的"物体"蒙版功能可以通过涂抹或框选的方式识别出具备明显边缘的物体，在很大程度上代替了传统"画笔"工具✐的"自动蒙版"功能，如图4-47所示。

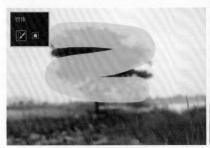

图4-47

案例："画笔"工具实战（创意色彩）

视频位置	视频文件 >CH04> "画笔" 工具实战（创意色彩）文件夹
素材位置	素材文件 >CH04> "画笔" 工具实战（创意色彩）文件夹

本案例将使用"画笔"工具 ✐ 来处理照片，增强照片的层次感与空间感。图4-48所示为使用该工具调整照片的对比图，可以看到通过改变色温，突出了照片的氛围感。在操作过程中，可以通过创建快照来回溯制作过程。

图4-48

☞ **提示**

如果在具体操作时有困难，可以参考素材文件中的快照。

01 选择"颜色分级"选项，将照片中高光区域的颜色替换为暖黄色，将阴影区域的颜色替换为冷蓝色，形成一种冷暖对比的效果，然后在全局中增强图像的亮度与色彩效果，如图 4-49 所示。

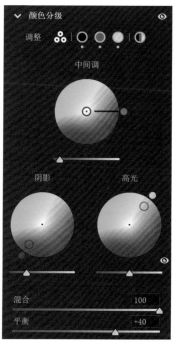

图4-49

02 创建 3 个蒙版。在第 1 个蒙版上使用"径向渐变"工具 ⬢ 与"反相"功能绘制调整区域，然后调整画面中的明暗过渡效果。在第 2 个蒙版上使用"画笔"工具 ✎ 绘制调整区域，然后进一步压暗其周围的区域。在第 3 个蒙版上使用"径向渐变"工具 ⬢ 绘制调整区域，然后增强重点区域的细节，如图 4-50 所示。

图4-50

03 创建蒙版，使用"画笔"工具 ✎ 在画面中的合适位置绘制出点状高光，如图 4-51 所示。注意只在角马背脊上单击即可，不要绘制成轨迹。

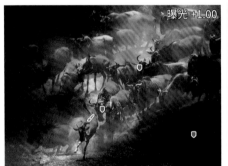

图4-51

04 右下方压暗的范围太大了。找到对应的蒙版，选择"画笔"工具 ✎，按住 Alt 键切换为减去模式，对之前绘制的区域进行消减。此时需要注意，如果使用较小的笔刷，所形成的擦除区域会有较明显的边缘，如图 4-52 所示。

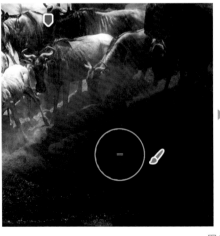
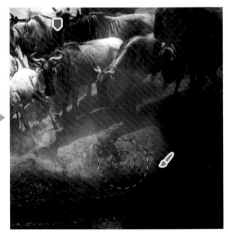

图4-52

05 如果要打造过渡平缓的边缘，可以使用较大的笔刷的边缘进行消减。消减时无须移动笔刷，在固定位置单击即可，多次单击可叠加消减。用这种方法打造出足够平缓的过渡，能有效消除后期处理痕迹。至此，这张照片的后期制作就完成了，效果如图 4-53 所示。

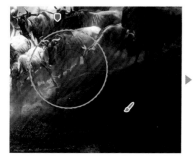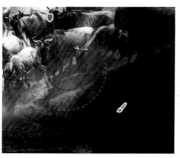

图4-53

4.2.5　使用范围工具

视频位置	视频文件 >CH04>4.2.5 文件夹
素材位置	素材文件 >CH04>4.2.5 文件夹

使用"线性渐变"工具■、"径向渐变"工具●和"画笔"工具✔在蒙版上绘制调整区域有一个共同点，那就是都需要用鼠标来绘制轨迹，而范围工具则不需要用鼠标绘制轨迹，它根据采样点选择调整区域。

● 色彩范围

图4-54所示是一张小鸟的照片，其中，花朵的色彩过于鲜艳，进行后期处理时需要降低其饱和度。虽然使用"混色器"选项改变其饱和度的思路是对的，但是这样做会影响到鸟儿身上相同色系的颜色。这种情况其实并不少见，因为"混色器"选项是在全局层面对色彩进行调整的，并不能指定某个区域。

图4-54(陈立 摄)

此时就可以通过"色彩范围"工具✔来创建蒙版。将鼠标指针移动到图像中，鼠标指针会变为一根吸管，将吸管移动到花朵上并单击，即可创建选定这个颜色的蒙版，如图4-55所示。但是该蒙版并没有完全覆盖花朵，只覆盖了其中的一部分，这是由于组成花朵的颜色并不单一。可以通过调整"取样颜色"值来扩大或缩小调整范围，但还是无法选择整个花朵。

图4-55

目前存在的问题其实就是颜色的取样数量不足，不能涵盖整个花朵。解决的方法有两种：一种是按住Shift键继续单击以增加取样点，但是这样容易形成色彩断层；另一种是在花朵上绘制一个矩形框，将框内所有的色彩都作为取样颜色，如图4-56所示。

图4-56

👉 **提示**

注意不要选中其他无须调整的颜色，如绿色等。如果操作失误，重新用吸管吸取颜色即可，不需要撤销操作。

现在虽然已经准确选定了花朵，但是鸟儿身上有一部分也被选中了。这并不奇怪，虽然我们单击的是花朵，但是"色彩范围"工具 🎨 会根据整张照片中的颜色进行匹配。可以使用"画笔"工具 ✏ 减去鸟儿身上及其他被选中的区域，只保留花朵部分，然后降低花朵的饱和度即可实现需要的效果，如图4-57所示。

图4-57

- **明亮度范围与深度范围**

理解"色彩范围"工具![icon]的工作原理后，就不难理解"明亮度范围"工具![icon]的工作原理了。图像中的"明亮度"可以划分为0~100级，其中0为最黑，100为最亮，拖曳滑块以指定图像中需要的"明亮度"值，就能将该"明亮度"值作为指标创建蒙版。不同的是，"明亮度范围"工具![icon]在范围设定中分为主区域和过渡区域。图4-58中的红色对应的区域表示主区域（即选中的"明亮度"），蓝色对应的区域表示过渡区域，较大的过渡区域可以避免出现明显的调整痕迹。

图4-58

只有当"明亮度"的差值较大，形状不适合用"径向渐变"工具![icon]和"画笔"工具![icon]绘制，并且存在难以通过全局亮度控制的区域时，该功能才有实用价值。同时存在上述3种情况的照片较少，因此该功能很少被用到。除此之外，还可以通过"深度范围"工具![icon]对包含深度信息的照片进行选择。深度信息需要用专门的设备和格式进行记录，常规相机不包含此功能。

4.3 全景拼接与 HDR 合成

全景拼接适用于单张照片不足以容纳景物时，可拍摄多张不同方向的照片并进行拼接。HDR合成是在有极大亮度差异的情况下，通过不同曝光值来保留画面细节。这两类处理方式的共同点是需要多张照片。

4.3.1 使用全景拼接

一张照片无法容纳所有的景物，因此本例共拍摄了4张照片。在Bridge中将它们全部选中并进入Camera Raw，这些照片会出现在Camera Raw的"胶片"工作区中。在"胶片"工作区单击鼠标右键，在弹出的快捷菜单中执行"全选"命令（快捷键为Ctrl+A），再单击鼠标右键，在弹出的快捷菜单中执行"合并到全景图"命令（快捷键为Ctrl+M），如图4-59所示。

图4-59

经过计算后会出现预览合并效果的对话框。设置"投影"为"圆柱"，并设置"边界变形"为100，勾选"应用自动设置"选项，如图4-60所示。之后单击右下角的"合并"按钮 合并... ，将会打开一个对话框，使用默认名称和位置保存照片即可。新照片会出现在Camera Raw的"胶片"工作区中，合并后的照片保留了原始的宽容度，可以按照常规方式对其进行后期制作。

图4-60

提示

勾选"应用自动设置"选项等同于执行自动调整，是否勾选该选项并不重要。

在使用广角镜头拍摄多张照片时，由于其边缘存在畸变，并且这种畸变会影响拼接效果，因此需要通过设置"边界变形"的值来选择拼接方式。当取值为0时，将直接按图像边缘进行严格拼接，不处理畸变，拼接后的图像会有缺失，缺失的区域会显示为棋盘格图案，如图4-61所示。

图4-61

拼接的方式有3种。第1种，严格拼接，设置"边界变形"为0并勾选"填充边缘"选项，软件会自动计算并补充缺失的内容，缺点是补充的内容可能不合理；第2种，放弃严格拼接，设置"边界变形"为100，将边缘变形以矩形的形式拼接，缺点是拼合后有些内容会被不合理拉伸；第3种，裁减掉多余区域，设置"边界变形"为0并勾选"自动裁剪"选项，且取消勾选"填充边缘"选项，这种拼接方式的缺点是会损失部分图像。如果照片中包含建筑物这类有明显线条感的内容，建议使用"自动裁剪"功能，如果是自然风光类图像，则其处理方式相对较随意。

畸变是由广角镜头造成的，前期使用中长焦镜头拍摄就可以避免产生畸变。如果必须使用广角镜头，则相邻两张照片中的重叠区域应尽可能多，简单来说就是多拍几张，每次的角度变化尽可能小。如图4-62所示，在一组照片中，拍摄6张照片的重叠区域小于拍摄8张照片的重叠区域，因此8张照片的拼接质量更优。

图4-62

如果镜头焦距较大且不能在一次横向移动内完成拍摄，可分上下2行或3行来进行拍摄，注意相邻上下两行之间也要保留足够的重叠区域，这种方法较烦琐，但是拼接的画质更高，如图4-63所示。

图4-63

> **提示**
>
> 由于Camera Raw是通过判断图像内容来自动进行拼接的，因此拍摄顺序并不重要，确保不遗漏就可以。如果是使用相机拍摄，则拍摄时采用竖幅构图方式为佳。

4.3.2　使用HDR合成

在拍摄光线对比较强的场景时，如果拍摄设备的宽容度较低，可采用"包围曝光"的方式拍摄不同曝光参数的照片，之后在Camera Raw中将它们合并为HDR（保留高反差）照片。方法和上一小节的全景拼接一样，全选照片后执行"合并到HDR"命令即可实现自动合并。

将图4-64所示的3张照片进行合并，注意勾选"对齐图像"选项。

图4-64

保存图像后即可在Camera Raw中对其进行处理，图4-65所示为处理后的效果。除了调整了基本参数，还对右下角的路面进行了处理。至于为什么要这样处理，将在下一章进行讲解。

高光 -100
阴影 -25
白色 +75
黑色 +100
饱和度 / 橙色 +40 黄色 +40 蓝色 +60
蒙版 / 选择天空 高光 -100 减少杂色 +100
蒙版 / 选择天空 / 反相 纹理 +100

图4-65

提示

前期在拍摄此类照片时，至少需要拍摄3张，分别对最亮、最暗和中间区域进行测光后拍摄。上述案例中的照片就是分别以太阳、建筑物背光区和左侧云彩作为测光点进行拍摄的。需要注意的是，拍摄时应尽量保持机位固定。

本章小结

本章需要掌握的是局部调整工具的使用方法。其中，"线性渐变"工具■常用来调整天空或地面，"径向渐变"工具●常用来调整形状规则的局部，"画笔"工具✎（简称"画笔"）则用于调整形状不规则的区域。重点掌握使用"径向渐变"工具●营造整体影调的思路和方法，并掌握使用"画笔"工具✎对已有的蒙版区域进行增减的方法，以及使用大直径笔刷的边缘来打造平滑过渡的技巧。由于制作步骤增多，所以要养成随手创建快照的习惯。

第 **5** 章

两法一律

本章将讲解后期处理的核心知识——两法一律，这是笔者总结的针对后期制作的理论指导体系，分为"后期三步

5.1 后期三步法

"后期三步法"可以解决后期如何入手的问题,由3个步骤组成:确定主体—引导视线—提取元素。照片的主体一般是在前期拍摄时就已经确定好的,严格来说不属于后期的范畴,但是可通过重新构图等方式对其加以改进。"引导视线"是指要吸引观者去注视主体,如何引导属于"视觉权重律"的内容。"提取元素"则是指在解决视线引导问题后,如何进一步增强画面的表达效果,属于"创意迭代法"的内容。

5.1.1 确定主体

"确定主体"指的是要明确定义一个主体,这是展开后续制作的前提。虽然大部分主体在前期拍摄时
就已经确定,但可能由于距离限制等一些客观因素
未能形成良好的构图,此时就需要通过重新构图予
以纠正。

需要注意的是,主体未必是单一的个体,有可
能是诸多部分的复合集,是区域性质的复合主体。
例如,在图5-1所示的照片中,通常会称工人为主
体,但是真正有效的主体应该是蓝色圈标注的面部、
手部、肩部,以及在船板上打凿部位的集合区域,在
制作时应予以突出。红色圈标注的部分虽然也属于
人物,但是相对来说重要性稍弱,在制作时可忽略。

图5-1

5.1.2 引导视线

要让观者对主体一目了然,并了解你的表达倾向,就要将观者的注意力引导至主体上,如图5-2所示,
应适当减弱蓝圈区域。有效的视线引导可以在繁杂的环境中突出视线焦点,具体的引导方法将在"视觉
权重律"一节中介绍。

图5-2

5.1.3 提取元素

如果说正确的曝光组合是拍摄时的基本要求，那么主体的突出和视线的有效引导就是后期制作的"及格线"。如果要更进一步，那就是"提取元素"环节需要解决的问题，具体方法将在"创意迭代法"一节中介绍。运用"提取元素"的方法将画面中部分被压暗的元素显现出来，这样可起到交代环境的作用，同时也丰富了画面的影调层次，如图5-3所示。

图5-3

5.2 视觉权重律

"视觉权重律"用来解决如何有效"引导视线"的问题，它由三大权重组成，分别是亮度权重、色彩权重和细节权重。照片中的主体应具备最高的视觉权重，通俗来说就是主体相对其他元素应亮度最高、色彩最丰富、细节程度最高。

5.2.1 亮度权重

亮度是最简单也是最有效的权重，它对应摄影对比手法中的明暗对比。在前面的内容中已经处理过图5-4所示的这张照片了。在处理这张照片时，就是使用"选择主体"功能创建的蒙版，实现了对背景的压暗，处理后人物显得更加突出。

图5-4

"选择主体"功能容易形成明显的明暗分界，这在人像照片中并不明显，但是对人文纪实类照片而言就会比较突出。使用"选择主体"功能产生的明暗对比缺少过渡，边界较明显，人物像是贴上去的。同样参数下使用"径向渐变"工具 ◉ 的效果就好多了，并且还可以通过修改"椭圆"的大小和位置来增减主体区域，直接将凿子纳入主体范围，如图5-5所示。

图5-5

对于不完善的区域，可以使用"画笔"来增减"反相椭圆"的有效区域。用"添加画笔"补上人物头部后方的区域（蓝色），使其跟随"反相椭圆"区域变暗。然后将人物左手和部分船身排除出"反相椭圆"作用范围（红色），使其亮度恢复，如图5-6所示。在增减有效区域的过程中可适当降低笔刷的"流量"（如70左右），避免涂抹后产生剧烈的变化。

图5-6

之前在制作图5-7所示的这张照片时，采用的方法是先用"反相椭圆"压暗背景，然后使用"小椭圆"将部分区域重新提亮。这个操作也可以改为使用"画笔"减去"反相椭圆"来实现。先禁用"局部加亮"蒙版，然后在"环境压暗"蒙版中新建"减去画笔"，在画面中绘制出需要排除的区域。禁用的蒙版可以保留，也可以单击鼠标右键，在弹出的快捷菜单中对其进行删除。

图5-7

简单来说，原先的方法是"大椭圆压暗，小椭圆加亮"，现在的方法是"大椭圆压暗，减去画笔排除"。相比之下，前一种方法实现速度快，且各个"小椭圆"的位置方便更改；后一种方法涂抹的区域更便于控制，可以通过"流量"参数控制作用强度。

如果需要加亮的区域比较单一，对形状要求不高，可以使用"小椭圆"。如果要处理较复杂的区域，或者需要较多的层次时，建议使用"画笔"并视情况控制笔刷流量。

5.2.2　色彩权重

在风光题材中，经常运用到的冷暖对比其实就是色彩对比的一种。色彩权重可分为白平衡对比和饱和度对比两类，白平衡对比是通过"色温"与"色调"实现的。对图5-8所示的照片进行处理后，即可呈现出风光摄影照片中常见的冷暖对比。

图5-8

除了风光摄影，还可以对其他题材的照片运用冷暖对比。之前在对图5-9所示的这张照片进行处理时，就在人物左侧绘制了一个"椭圆"来营造冷色调。

图5-9

需要注意的是，图5-8所示的原图是有一定的冷暖对比基础的，可通过后期处理将对比效果增强。而图5-9所示的原图是没有冷暖对比的，后期处理时要注意调整的幅度。此外，冷暖对比是由光照产生的，原图如果缺少光照效果则不建议强行营造冷暖对比。

除了可以使用蒙版，还可以在"颜色分级"选项中指定高光、阴影的冷暖色彩来实现需要的效果。之前在对图5-10所示的这张照片进行调整时就使用过这种方法，如果将"颜色分级"中的调整撤销则画面就会显得较平淡。

图5-10

👉 **提示**

已设置过参数的选项右侧的"眼睛"图标👁会点亮，单击"眼睛"图标👁可暂时隐藏对应的效果。按住Alt键时选项名称左侧会增加"复位"两字，这时单击对应的选项名称即可撤销此项调整，如图5-11所示。

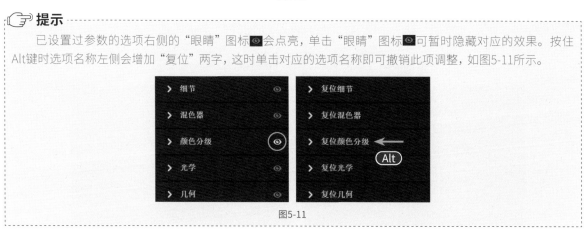

图5-11

一般冷暖对比使用的是蓝色与黄色。除此之外，也可以尝试在"颜色分级"选项中将高光颜色改为红色。更改颜色时按住Ctrl键可锁定亮度，如图5-12所示。

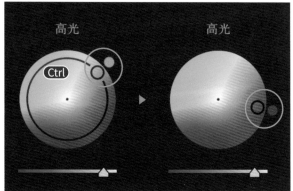

图5-12

之前在对图5-13所示的这张照片进行处理时用了调整饱和度对比的方法，降低花朵的饱和度来突出鸟儿的色彩。

图5-13

5.2.3　细节权重

"细节权重"也可以理解为"清晰度权重"。通过提高主体的清晰度，降低其余部分的清晰度来形成对比，以区分主次。如图5-14所示，在亮度相同的情况下，通过弱化周围麦穗的细节来突出主体鸟儿。

图5-14（郭光华 摄）

前期拍摄对应的是景深，但是在同景深范围内的事物则很难再进行区分，因此"细节权重"可以看作后期中特有的权重。弱化细节的手段有缩小亮度差异，以及降低"纹理""清晰度""去除薄雾"的值。如果调整单个参数无法有效实现想要的效果，可以综合运用多种方法来削弱背景中的细节，如图5-15所示。

图5-15（王忠民 摄）

5.2.4 权重参数组合

现在我们已经知道,可以通过亮度权重、色彩权重和细节权重这3个权重来对照片进行处理。下面就来总结一下各个权重对应的常见参数组合。

在调整全局亮度时,应先调整"高光"和"阴影",然后是"白色"和"黑色",最后是"曝光"。在调整"曝光"时,需要配合调整白平衡,从而避免产生灰雾感。如果需要提亮局部区域,则需在全局调整的基础上进行调整。完成全局调整后,先提亮"阴影",如果不够亮再增加"曝光"。由于增加"曝光"会同时提亮画面中的高光和阴影,因此可能需要同时压暗"高光"和减少"黑色"。当需要压暗某个区域时,可直接减少"曝光",如果阴影区域太暗则可再单独提亮"阴影",如表5-1所示。

表5-1

	全局亮度		提亮区域		压暗区域
1	高光 / 阴影	1	阴影 +	1	曝光 −
2	白色 / 黑色	2	曝光 +	2	阴影 +
3	曝光 / 白平衡	3	高光 − / 黑色 −		

通过调整白平衡或"饱和度"来调整色彩。其中,白平衡对画面整体或局部的色彩都有较大的影响,是一种很有效的调整手段。白平衡的调整包括"色温"和"色调"的调整。其中,"色温"用于控制蓝色和橙色,"色调"用于控制绿色和洋红色。由于蓝色和橙色是互补色,因此不可能同时调整。这对色调而言也是一样的,如果偏暖调应先提升"色温",同时适当调高"色调",偏冷则相反。"偏绿"主要用于需要增强绿色的情况(如风光摄影照片中的植物),"偏红"则常用于需要增强夕阳色彩的情况。这两类情况下,"色温"和"色调"一般都是同向调整的。在处理人物的肌肤色彩时,为避免偏黄,可以在降低"色温"的同时调高"色调",营造出"白里透红"的效果,如表5-2所示。

表5-2

	暖调		冷调		偏绿		偏红		人像肌肤
1	色温 +	1	色温 −	1	色调 −	1	色调 +	1	色温 −
2	色调 +	2	色调 −	2	色温 −	2	色温 +	2	色调 +

很多情况下,在调整"曝光"时最好同时调整"色温",加亮时偏暖,压暗时偏冷,注意匹配调整"色调"。"饱和度"经常需要和亮度一起调整,常见的就是主体保持不变,其余区域适当降低"饱和度",要注意调整的幅度。

在调整细节时,可以改变"纹理""清晰度""去除薄雾"这3项。"纹理"不会改变亮度分布,副作用较小,建议优先使用。"清晰度"和"去除薄雾"都会改变亮度分布,使用后注意匹配调整亮度。"去除薄雾"还会引发白平衡的变化,因此需要配合调整白平衡。无论是增强还是削弱细节,其调整顺序都应该是先"纹理",其次是"清晰度",最后是"去除薄雾",如表5-3所示。

表5-3

	增强细节		削弱细节
1	纹理 +	1	纹理 −
2	清晰度 + (阴影 +)	2	清晰度 −
3	去除薄雾 + (白平衡)	3	去除薄雾 − (白平衡)

除此之外,"锐化"和"减少杂色"也可以对细节产生影响。例如,增加"锐化"时可增强细节,降低"锐化"时则可营造模糊感。而"减少杂色"主要用来消除噪点,这在本质上也属于削弱细节。

> **提示**
>
> "锐化"很容易增加噪点,因此建议不要调整其值,尽量通过改变亮度差异来获得足够的细节。"减少杂色"会同时削弱细节,令照片看起来不清晰,使用时应严格划分区域,使其避开边界区域而仅对连续区域有效。

5.2.5　正向运用和反向运用

"视觉权重律"最常见的应用是正向运用，即主体的亮度、色彩和细节都高于其他区域。除此之外，在合适的照片中也可将其反向运用。处理图5-16所示的这张照片时就已用过反向运用，一般反向运用的多是亮度权重，而色彩和细节权重用得较少。

图5-16

5.3　创意迭代法

明确的主体、有效的视线引导是后期制作的基础要求，那么如何实现提高就是"创意迭代法"要解决的问题。提高的方向既可以是对原作的细化，又可以是表达独特的创作意图，这是通过对有效元素进行提取来实现的。提取到元素之后一般都会对其进行增强处理。要实现这个目的，首先要能察觉到有效元素的存在，这需要对作品进行充分的观察。按照有效元素在照片中的分布方式，将其分为"承载部"和"辐射区"，并根据"微观递进"原则对照片进行细化。

5.3.1　承载部与辐射区

"承载部"是对主体的逻辑存在有支撑作用的部位，一般与主体区域有交集，沿着主体区域向外延伸且与其保持紧密相邻。"辐射区"是指虽然与主体不相邻甚至相距较远，但是依然有意义的区域。前者是为了使主体合理存在，后者则是为了使情节表达完整，图5-17所示为对照片进行元素提取的前后对比效果。

图5-17

作为对主体起支撑作用的"承载部"在处理时应当予以增强，否则会令主体产生孤立感，割裂其与整体场景的联系。按照这个标准来看之前处理过的图5-18所示的这张照片。人物坐的木头和背靠的木架都属于"承载部"，而原先的处理就没有顾及这一块。对其进行增强后，人物的存在感更强了，具体操作可以参考素材文件中的快照。

图5-18

对环境起交代作用的"辐射区"在处理时一般也是予以增强的，这时需要我们对元素与主题的逻辑关联做主观判断。图5-19所示的照片中，主体人物在制作陶器，蓝圈中是环境中的陶器及加工设备，与主题有较强的逻辑关联性，属于"辐射区"，应予以提取。而其他区域与主题的逻辑关联性较弱，不仅不用提取，必要时还应当进一步削弱。图5-19降低了右下角蓝色塑料布的饱和度。

图5-19

5.3.2 微观递进

如果说对主体、"承载部"和"辐射区"的处理属于宏观层面的操作，那么对它们再次进行划分和处理就是相对微观的操作了。我们在之前的案例中就接触过这种操作，人物面部的提亮和将色温转暖就属于对"微观递进"原则的运用，如图5-20所示。

图5-20

也可以根据这个原则对其他区域进行处理，图5-21所示为对锤子和手添加轮廓光。这些区域对全图来说是很细小的区域，但是可以有效加强照片的光影质感。

图5-21

很多人可能会觉得，由于微观处理所涉及的面积较小，因此意义不大。这样想是错误的，到了一定层次后，真正决定作品水平高低的往往就是对细节的刻画程度。图5-22所示为处理前后的对比图，使用"画笔"在每一只羊身上营造出阴影，从而实现轮廓光的效果，而轮廓感对整幅作品的影响是巨大的。

图5-22（卢增荣 摄）

根据"微观递进"原则，在鸟儿内部绘制"椭圆"并对其进行处理。有的"椭圆"需要提亮，有的"椭圆"需要压暗，有的"椭圆"需要增强纹理，有的"椭圆"需要削弱纹理，还有的"椭圆"需要改变色彩。在蒙版上还使用"画笔"添加了用于压暗过曝画面的区域，图中并没有列出。处理之后，鸟儿显得更加有神采，羽毛也较为艳丽，效果如图5-23所示。

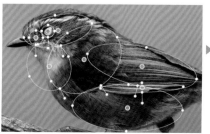

图5-23（陈立 摄）

一般在有人物出现的照片中，根据"微观递进"原则对人物面部进行处理都能收到较好的效果。如图5-24所示的照片，将主体人物的面部进行细分，适当压暗了一些较亮的区域。

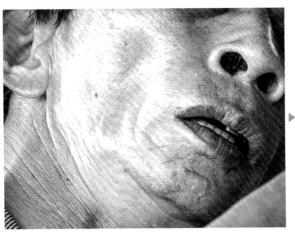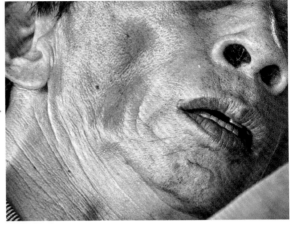

图5-24

"微观递进"原则的运用是一般作品和优秀作品的本质区别所在，而在整个创意迭代阶段最重要的就是时间的投入。只有用足够长的时间对作品进行观察和思考，一些细节才会逐渐被观察到。

☞ 提示

后期可分为思考和操作两部分，通俗地说就是想和做。那么在同样的时间长度内，思考所占的时间越多则作品的细节就会越丰富。反之如果在操作上耗时太多则会挤占思考的时间，而缺乏思考的作品是不完美的。确保在操作层面上以更快的速度实现创意表达是提高作品质量的有力保障，因此务必要掌握Camera Raw中的各项操作。

"两法一律"虽然是针对后期处理的理论体系，但是与摄影前期的要求是高度一致的，即要通过合理的构图、合适的光线和丰富的影调来展现作品。后期是完善前期未能周全表达的摄影要素，是前期的合理延续，因此不应该做颠覆性的改动或者内容的拼凑。

本章小结

本章的理论性内容并不难理解，要重点掌握涉及的具体操作，特别是与视觉权重相关的各种参数组合。在实际运用时，首先要从逻辑上想清楚需要处理的方向，然后合理运用参数进行实现，这是提高制作效率的有效方法。

第**6**章

Camera Raw 后期实战

现在我们已经学习了Camera Raw的使用方法和后期处理的要点，包括创意方法和对应的实现方法，本章将根据这些知识对不同类别的摄影后期进行实战操作，并根据不同的题材讲解处理要点，请全程跟随操作。笔者一直提倡要自主创新，单纯重现书中的内容并没有太大意义。因此，本章将不再重点讲解操作层面的内容，前期只给出参数，后期将不再提供具体数值，只给出指导方向，如降低亮度、增强细节等，具体数值需要自行设置，裁剪、重新构图、降噪等操作也会一笔带过。

6.1 风光摄影后期

风光摄影后期的处理有两个要点：一是画面的"通透感"，要有足够的亮度差异，也就是"左右右左"参数组合的运用，这个参数组合可以同时解决亮度、色彩和细节的问题，因此可将其作为基础调整手段应用在其他有同样处理需求的照片中；二是亮度和冷暖对比的运用，为照片营造出丰富的影调层次。如果需要重新构图，画面比例可以选择常见的16：9。

6.1.1 消除灰雾感

视频位置	视频文件 >CH06>6.1.1 文件夹
素材位置	素材文件 >CH06>6.1.1 文件夹

如果画面中有明显的灰雾感，可以增大"去除薄雾"的值进行去除。由于调整这个参数会大幅度地增大亮度差异，因此"黑色"的值最好归零，也就是参数组合从"左右右左"变为"左右右"。此外，调整后还会导致噪点增加、白平衡偏移，所以需要做相应的配合调整。先设置"白平衡"为"自动"，然后设置"曝光"为+1.25、"高光"为 –100、"阴影"为+100、"黑色"为+50，再设置"去除薄雾"为+100，如图6-1所示。

图6-1

如果按照上述顺序进行调整，会觉得设置"白平衡"没有必要，接着调整"曝光"也不合理。在调大"黑色"的值之后，图像的亮度分布完全违反了"亮度权重"原则，而调整了"去除薄雾"后整体效果才能够清晰呈现。

虽然参数的设置顺序并不影响最终效果，但是在处理照片时，需要有循序渐进的视觉参照。当没有改变"去除薄雾"的值时，其他参数是不会那样调整的。如果确定需要调整"去除薄雾"，那么最好先将其他参数的值归零，然后将"去除薄雾"的值调整到合适的大小，再匹配调整其他参数。合理的调整顺序为去除薄雾—阴影—曝光—高光—黑色。后面的内容将不会再强调调整顺序，读者需根据实际需求自行判定。

6.1.2 营造冷暖对比

视频位置	视频文件 >CH06>6.1.2 文件夹
素材位置	素材文件 >CH06>6.1.2 文件夹

对于日落或日出等光线反差较大的场景，可以通过调整"色温"营造出冷暖对比的效果。图6-2所示的照片的参数设置为色温（7600）、色调（+30）、高光（ –100）、白色（+75）、去除薄雾（+100）、减少杂色（50）。

图6-2（欧文俊 摄）

要想实现冷暖对比的效果，需先将照片整体的色调调整为暖色调，然后将局部的色调调整为冷色调，可以通过在画面左上角和右下角绘制"椭圆"来实现照片的白平衡差异效果，如图6-3所示。

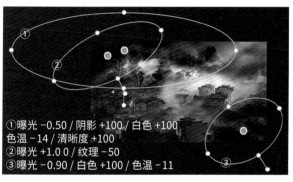

①曝光 −0.50 / 阴影 +100 / 白色 +100
色温 −14 / 清晰度 +100
②曝光 +1.0 0 / 纹理 −50
③曝光 −0.90 / 白色 +100 / 色温 −11

图6-3

6.1.3 平衡纵深反差

视频位置	视频文件 >CH06>6.1.3 文件夹
素材位置	素材文件 >CH06>6.1.3 文件夹

对于画面纵深较大、前后景物颜色存在明显反差的照片，应先以前方景物为准进行全局调整。图6-4所示的照片的参数设置为色温（5450）、曝光（+0.45）、高光（−100）、白色（+85）、黑色（−60）、去除薄雾（+65）。

图6-4（汤珺琳 摄）

在调整前方景物后，通过绘制的"直线渐变"对后方的景物进行局部调整。参数设置为曝光（-0.70）、色温（-20）。调整之后的效果如图6-5所示，可以看到画面有了很大的变化。这个蒙版的调整实际上就是"视觉权重律"的运用，既控制了亮度，又营造了冷暖对比。

图6-5

提示

为了便于讲解和记忆，本书将"线性渐变"工具▇简称为"直线"工具，将使用"线性渐变"工具▇绘制的区域简称为"直线渐变"。

通过蒙版对各个局部进行细化处理，效果如图6-6所示。

图6-6

6.1.4 营造光线效果

视频位置	视频文件 >CH06>6.1.4 文件夹
素材位置	素材文件 >CH06>6.1.4 文件夹

明暗交织的光线可以为照片增色不少，但前期拍摄时不一定能找到合适的时机，因此可以通过后期处理为照片中缺少变化的区域营造光线效果。

● 营造明暗交织光线

图6-7所示的这张照片是纵深较大，并且存在亮度反差的照片。先对其进行基础调整，参数设置为色温（7650）、高光（－80）、阴影（+60）、白色（+75）、黑色（－25）、去除薄雾（+70）。

图6-7(吴恩银 摄)

在这张照片中，前方的景物是需要突出的主体区域，但是其亮度不足。而远处景物又偏亮，导致画面整体的视觉权重不够，因此需要提高前景的亮度并降低远景的亮度。参照"视觉权重律"，可以先用"直线"压暗远景并将其色温调冷，然后使用多个"椭圆"提亮前景并增强其细节，再将色温调暖，如图6-8所示。可能有些读者会认为前景的调整只需要使用一个"大椭圆"便能实现，但是根据"微观递进"原则，需要将前景进行细分，用多个"椭圆"营造明暗过渡的效果。

图6-8

照片中云雾的位置较高且接受光照，因此降低远景亮度时需要避开云雾。这就需要将云雾从"直线渐变"中去除。可以使用"明亮度范围"工具 ▓与"直线"工具创建交叉蒙版，如图6-9所示。

图6-9

- ### 加亮"承载部"

如图6-10所示的照片，因为人物在画面中显得不够突出，所以初期处理的效果并不理想，加亮人物所在的区域后画面效果才得到了改善。这是对"承载部"进行处理，当不适合直接加亮主体时，可以加亮"承载部"来引导观者视线。

图6-10

在加亮"承载部"时，人物也会随之被加亮，因此要单独压暗人物。使用"椭圆"工具与"明亮度范围"工具创建交叉蒙版，实现对人物的选定，如图6-11所示。

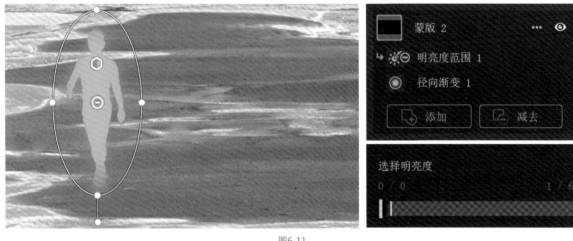

图6-11

- ### 营造整体场景中的光线

整体场景中光线的营造较为简单，使用"椭圆"工具创建多个蒙版，然后分别进行调整即可，如图6-12所示。

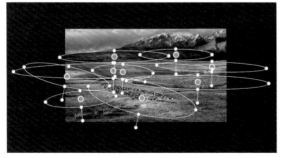

图6-12（蔡昊 摄）

- **营造光照轮廓**

　　由于局部场景的画面组成较复杂，因此需要使用"画笔"来绘制场景中的物体的轮廓形状。图6-13所示为两种光线效果的对比图，右图看起来要好一些。其实两张照片的光线参数的设置是一样的，仅是蒙版的范围有所区别，右图的蒙版区域更贴合草丛的形状。虽然最终效果未必符合真实场景的效果，但是这种轮廓光给人的视觉感较好。

图6-13

- **呈现细节**

　　在完成初步的处理后，需要根据"微观递进"原则不断地对细节进行查找和调整，这可以有效提升制作者的观察能力，从而提高制作水平。从图6-14所示的照片可以看出，最终的场景效果更加细腻。

图6-14

6.1.5 去除污点

视频位置	视频文件 >CH06>6.1.5 文件夹
素材位置	素材文件 >CH06>6.1.5 文件夹

　　图6-15所示的照片中，右侧树林上方有一个较明显的污点，这是镜头或传感器有灰尘所致，可用"污点去除"工具 （快捷键为B）将其去除，其原理是系统会根据污点附近的图像判断采样点并进行修复。

图6-15

这个工具的使用方法和"画笔"工具 ✐ 类似，设置一个大小合适的修复笔刷并单击污点位置，注意修复笔刷的"羽化"值如果设得较高，则笔刷应更大些才能完全遮住污点区域。完成修复后污点处为红圈，采样点为绿圈。这两个圈都可以移动，但是如果将绿圈移动到不合适的位置，修复效果就会下降。以上操作如图6-16所示。按快捷键/可让系统多次自动判断采样点。

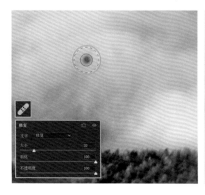

图6-16

在默认的"修复"模式下，采样点会与污点处的图像混合，并呈现出修复后的效果。如果改为"仿制"模式，则采样点处的图像会直接覆盖污点。除了可以单击污点所在的区域，还可以按住鼠标左键并拖曳，以绘制较大的污点区域。

6.1.6 雪景后期

视频位置	视频文件 >CH06>6.1.6 文件夹
素材位置	素材文件 >CH06>6.1.6 文件夹

雪景照片容易存在曝光不足的情况，虽然经过全局的基础调整，画面整体都会被提亮，但画面同时会丢失很多细节。因此除了需要保证画面有足够的亮度，还需要根据"细节权重"增强画面层次感。

● 强化或淡化远景

白平衡的控制对雪景氛围的营造有着关键作用，由于前期拍摄时不好判断，因此后期调整中应适当使其偏向冷色调，如图6-17所示。

图6-17（王民忠 摄）

根据"细节权重"可以强化或淡化雪景照片中的远景，如图6-18所示。

图6-18

● 突出主体

雪景的色彩较为单一，即使进行较大幅度的淡化处理也不容易产生痕迹。在淡化远景之后，可以看出主体更加突出，如图6-19所示。

图6-19（王民忠 摄）

实现这个效果的操作过程并不复杂。在完成基础的亮度调整后，分别创建图6-20所示的3个蒙版。先通过上半部分的蒙版（注意要排除主体）来淡化背景，然后压暗下半部分的蒙版以适当地强化前景，营造出亮度与细节的对比效果，再使用一个"小椭圆"来增强"承载部"的效果。

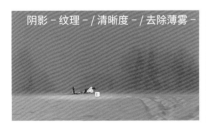
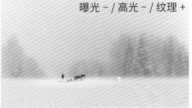

图6-20

☞ **提示**

这里所说的基础的亮度调整指的是压暗高光、提亮阴影、增加白色并减少黑色，也就是我们常用的"左右右左"参数组合。在进行照片后期处理时默认先执行此类操作，后面的案例不再赘述。

- **营造色彩反差**

先对图6-21所示的照片进行常规处理，然后对远景进行淡化，并通过冷暖对比营造出独特的氛围。

图6-21（王民忠 摄）

制作这个效果只需要创建3个蒙版即可。先通过上半部分的蒙版淡化远景并将其色温调暖，然后通过下半部分的蒙版使前景与远景产生对比。由于上下两个蒙版均对主体造成了影响，因此需在主体蒙版中进行"抵消参数"操作，如图6-22所示。

图6-22

☞ **提示**

"抵消参数"是指在受影响的蒙版区域，反相改变影响其效果的参数。例如，调整时某个区域的某个蒙版调小了"亮度"和"清晰度"的值，那么此时就在这个区域调大"亮度"和"清晰度"的值。

- **营造冷暖对比**

处理图6-23所示的这张照片的思路其实和之前的相同，只是画面中的元素位置和形状发生了变化，进行相应调整即可。

图6-23（王民忠 摄）

通过上方的蒙版处理背景，然后将下方的蒙版修改为与主体前进方向相符的弧形，再在围栏区域创建蒙版，对马车进行提亮，最后改变局部色温，营造出冷暖对比，如图6-24所示。色温对比可通过局部之间的参数差异来实现，也可以在全局和局部之间实现。本例就是先将全局白平衡转暖，然后将局部转冷来营造色温对比的。

色温 - / 去除薄雾 -　　　曝光 - / 阴影 + / 黑色 +　　　白色 + / 色温 +　　　阴影 + / 黑色 +
色温

图6-24

以上案例均为雪景照片的后期处理，重点是"细节权重"的运用，这些操作都是基于"两法一律"进行的。操作要点为：划分出前景和背景，然后分别进行处理，并通过亮度和色彩差异营造对比效果，提升作品的质量。

提示

对图6-25所示的照片进行的处理其实和雪景关系不大，主要使用"污点去除"工具■实现元素的复制。此照片的色彩和亮度较为单一，不容易产生处理痕迹。使用"污点去除"工具■单击或涂抹①处，然后将代表污点的红圈移动到①+处，将代表采样点的绿圈移动回①处，即可实现内容的复制。以此类推完成其余部分的复制，也可通过涂抹较大的区域实现多个元素的同时复制。

图6-25（王民忠 摄）

6.1.7 夜景后期

视频位置	视频文件 >CH06>6.1.7 文件夹
素材位置	素材文件 >CH06>6.1.7 文件夹

夜景照片也属于风光摄影这一类别。由于拍摄时间是在夜晚，因此画面整体偏暗，并且拍摄环境也不相同，可以细分为以下几类情况。

● 城市建筑夜景

由于城市建筑夜景中常出现大面积的阴影和小范围的高光，因此在基础的亮度调整中，要控制好"黑色"的值，避免调整幅度过大造成画面太暗，同时要注意阴影的调整。图6-26所示的照片中，右图虽然提亮了阴影，但是效果并不理想。因为原图的阴影区域曝光不足，强行提亮阴影只能使其变亮，并不能有效地呈现出其细节，反而容易增加噪点，还会减弱夜景中特有的明暗反差。

图6-26

在处理这张照片的光影前，应该先校正照片的畸变，可以将靠近左右边缘的建筑物外墙作为垂直参考线。此外，由于红光的波长较长、传播较远，画面会显得特别明亮，因此，需在"混色器"选项中降低红色的"亮度"或"饱和度"的值，效果如图6-27所示。后续还会用这张照片制作其他效果，此处建议为此效果创建快照并保存。

图6-27（邱启斌 摄）

● 深夜景色

图6-28所示的这张照片是在完全入夜后拍摄的，由于缺少夕阳余光，因此出现了较大面积的阴影，只能通过后期处理进行调整。一般不建议在这个时间段进行拍摄。

图6-28

在完成全局的基础调整后，可以局部提亮大面积的阴影区域，但是仅增加"曝光"会令图像出现灰雾感。灰雾感是亮度差异不足导致的，因此可以通过减少黑色来改善。在此基础上可调整"白平衡"并修改细节使画面更加协调，效果如图6-29所示。

图6-29

> **提示**
>
> 增加曝光的同时减少黑色就是本例的主要处理方法，其他细节的调整读者可以自行尝试，也可参考素材文件中的快照。

● 晚霞夜景

图6-30所示的这张照片是用无人机拍摄的,天空中有晚霞,不过其色彩偏灰,并且饱和度不足。处理后的照片中很好地呈现出了晚霞的色彩,并且将画面整体提亮了,使主体更加突出。

图6-30

原图中的晚霞偏灰,这和之前的蓝天一样,都是局部过亮导致的。因此需要压暗天空,并提亮树木所在的区域,使地面的细节更丰富,如图6-31所示。

图6-31

在实际操作中,如果只使用"选择天空"功能创建蒙版,压暗后会形成明显的边界。此时,可以使用笔刷较大的"画笔"在蒙版中覆盖边界区域,以形成柔和的过渡,如图6-32所示。注意调整天空和地面的亮度,避免亮度失衡。

图6-32

● 黄昏夜景

在昼夜交替时，相机白平衡的调整经常不准确。图6-33所示的这张照片在前期拍摄时色温就偏冷，偏冷的色温无法充分表现晚霞的色彩，因此需要先全局调整白平衡，然后进行常规调整。

图6-33（吴美英 摄）

接着压暗天空中的高光并减少黑色，再增加色温、色调和纹理，即可改善晚霞的色彩。虽然使用"选择天空"功能创建蒙版比较方便，但是天空区域的蒙版容易在地平线或山脊线上留下明显的分界线，如图6-34的左图所示。由于山体没有包含在天空区域的蒙版中，因此其亮度显得比天空的亮度高，这种效果是不合理的。而图6-34的右图用添加的"直线渐变"直接将其覆盖，效果相对更好。如果不得不使用"选择天空"功能创建蒙版，那么可以运用"画笔"来增减蒙版区域，形成平滑的过渡效果。

高光 − / 黑色 −
色温 + / 色调 + / 纹理 +

图6-34

虽然可以分区域地调整整个画面，但是一定要在全局层面合理匹配各元素。图6-35所示为对前景植被进行的不同的亮度处理效果，左图较亮，虽然丰富了植被细节，但是从全局层面上来看是不合理的。根据"视觉权重律"，需要突出的元素才应被增强，而前景植被并不属于这类元素，与之相邻的城镇相对而言更重要，因此即便是仅看这两个元素，植被的亮度也不应该比城镇的高。综上所述，右图的亮度分布更合理。

图6-35

在对曝光严重不足的区域进行提亮时，可能会出现彩色噪点。图6-36所示的照片就在提亮阴影后，出现了很多彩色噪点。与通过调整"减少杂色"的值即可有效改善的灰白噪点不同，彩色噪点的消除需要配合调整"杂色深度减低"。

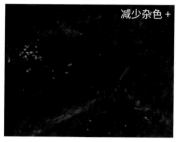

图6-36

提示

调整"光学"选项中的"去边"的值，可以消除蒙版中的彩色噪点。消除彩色噪点的效果十分有限，前期拍摄时尽量不要出现此类问题，或者使用"包围曝光"功能来解决该问题。

● 星空夜景

对于星空夜景，需要表现出星空的特征，并对色彩进行修正。从图6-37所示的照片可以看出，主要对天空和地面的色彩做了调整。

图6-37（汤珺琳 摄）

可以使用"选择天空"功能创建蒙版，然后使用"画笔"将树木所在的区域也加入天空区域的蒙版中，然后进行调整，效果如图6-38所示。

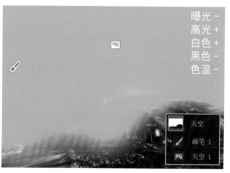

图6-38

113

对于地面区域的蒙版，如果先使用"选择天空"功能创建蒙版，再进行"反相"操作，则还需要将树木所在的区域排除。由于地面区域的蒙版与之前创建的蒙版正好是相反的，因此可以先复制整个"天空"蒙版，然后进行"反相"操作，再将"画笔"绘制的区域设置为"转换为删减"，这样就得到了地面区域的蒙版，如图6-39所示。

图6-39

很多时候使用"选择天空"功能创建的蒙版需要用"画笔"来修改，如果之后要选择地面区域，可采取上述方法避免重复操作，对于用其他方式创建的复杂蒙版也可以这样操作。

● 特殊夜景

在图6-40所示的照片中，可以看到其灯光大部分为暖黄色，可以通过改变灯光的颜色创作出其他效果。在"混色器"选项中偏移色相就可以得到特殊的灯光色彩。

图6-40

在图6-41所示的照片中，左图的参数设置为黄色/色相（-100）、绿色/色相（-100）、黄色/明亮度（+100）、橙色/明亮度（+100）、黄色/饱和度（0）、橙色/饱和度（+100）、其余颜色/饱和度（-100），再调整全局的白平衡，呈现出了"黑金夜景"的效果。同时，可以参考素材文件中的快照调整出右图中的效果。

图6-41

在前面两张效果图的基础上，可使用"颜色分级"功能将阴影替换为合适的蓝色，如图6-42所示，且可以按照此类方法自行尝试更多色彩效果。

图6-42

☞ **提示**

如果需要经常调整此类特殊效果，可将其存储为预设。选择"预设"工具，单击"创建预设"按钮，打开"创建预设"对话框，在"子集"下拉列表中选择"混色器"选项即可，其余选项不要选择，如图6-43所示。

图6-43

6.1.8 航拍后期

视频位置	视频文件 >CH06>6.1.8 文件夹
素材位置	素材文件 >CH06>6.1.8 文件夹

航拍照片由于高度较高，常需要进行畸变校正。此外，无人机的光学系统不如相机，成像质量和宽容度都较差，这些问题在后期处理中都要注意。

● 夜景航拍

夜景航拍照片的处理如图6-44所示，先对照片进行全局的常规调整和畸变校正，然后分别对较暗的区域和较亮的高光进行调整，图中的黑白图像用于指示蒙版位置。

图6-44

• 营造航拍景深

由于航拍照片有较大的纵深，因此可以在地平线附近使用"直线"工具创建蒙版以营造景深效果。如图6-45所示的照片，可以看到处理后远处的景物具有焦外模糊现象，这是通过调小"纹理"和"锐化程度"的值实现的。

图6-45

这时打开素材文件中的快照就会发现，景深模糊效果是由"远景"蒙版实现的，如果觉得模糊程度不足，可以复制"远景"蒙版，如图6-46所示，这样就相当于应用同样的参数两次，模糊效果将加倍。

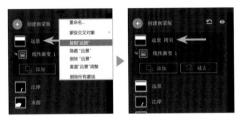

图6-46

蒙版中参数调整的幅度是有限的，当调整到极致还不能满足需求时，就可以采用上述方法进行参数的倍增。如果蒙版中带有多个参数，那么每个参数都会倍增。因此在多次复制时，应确认是否需要倍增所有参数。例如，这个案例中的"远景"蒙版，不仅带有与模糊相关的参数，还带有与白平衡相关的参数。如果只想倍增模糊程度，那么应在复制的蒙版中取消白平衡的相关参数，否则就会对画面色彩造成影响。需要注意的是，并非所有局部参数都可通过这种方法进行倍增。

6.1.9 减曝加光法

视频位置	视频文件 >CH06>6.1.9 文件夹
素材位置	素材文件 >CH06>6.1.9 文件夹

晨昏之时拍摄的照片都具备一定的光照效果，但又不足以形成有效的反差对比，画面看起来会显得比较平淡，此时可采用减曝加光法来处理。如图6-47所示的照片，左图使用的是常规的处理方法，右图使用的是减曝加光法。

图6-47

减曝加光法就如同它的名字一样，先减少曝光，再局部加亮，以形成较丰富的明暗层次。在实际操作中，需要先将照片按照常规方式进行处理，再大幅减少全局曝光（-1.00以下），效果如图6-48所示。

图6-48

此时照片看起来整体偏暗。由于植被占据了较大面积且反光性不强，因此可以使用"明亮度范围"工具 ▓ 创建蒙版来提亮植被所在的区域；接着对远景进行提亮和转暖处理，对近景进行压暗和转冷处理，营造出对比效果；最后使用"画笔"对近景中的有效元素进行提亮，使其与周围的环境形成反差，如图6-49所示。

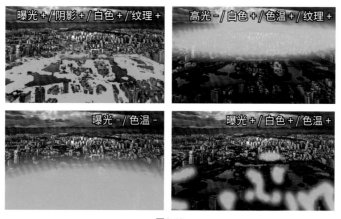

图6-49

以上操作的本质就是将远景定为主体区域，然后运用"视觉权重律"营造对比效果，再根据"微观递进"原则压暗局部区域，最后被零星加亮的区域就是"辐射区"。这个方法在之前已经应用过好几次了，只是处理的题材不同。

6.2 人物摄影后期

人物摄影后期的要点是人物的充分表达，如皮肤质感等，并根据"微观递进"原则对人物面部进行细化；其次要注意背景的处理，通过控制权重突出人物。根据风格和处理方向的不同，人物摄影后期可分为人像后期和肖像后期两类。

6.2.1 人像后期

视频位置	视频文件 >CH06>6.2.1 文件夹
素材位置	素材文件 >CH06>6.2.1 文件夹

人像摄影一般以人物为主体，因此对人物面部及其他肌肤的平滑处理较为重要，同时要注意对环境进行适当的调整。

● 运用"面膜蒙版"

在人像的后期处理中，面部肌肤作为重点处理对象，可以使用"画笔"创建蒙版对其进行调整。

面部的平滑处理

由于要实现肌肤的平滑感，因此对面部肌肤的处理以削弱细节为主，常调整的参数是"纹理"和"清晰度"，但是对面部进行整体削弱会使图像变模糊，如图6-50所示。

图6-50（Stefan 摄）

解决方法也很简单，将五官排除出蒙版的有效区域就可以了。由于此时创建的蒙版的形状类似面膜，因此将其命名为"面膜蒙版"，之后还可以为五官创建一个蒙版来增强细节，注意眼睛部位的蒙版并非完全覆盖，而是细分为上下眼睑和眼球，如图6-51所示。

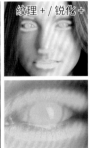

图6-51

☞ 提示

Camera Raw 15.0版本新增了"人物蒙版"功能，可以识别出人物的面部皮肤、五官等区域，这对于人像后期实用性较强，其中的"面部皮肤"选项可直接选择"面膜蒙版"区域，如图6-52所示。

图6-52

使用"面膜蒙版"可以做到柔化皮肤和增强五官，原照有轻微失焦时也可加以改善，这是对人物面部进行处理的有效手段。它的产生是3个知识点的结合：一是对连续区域和边界区域的理解，即削弱连续区域并增强边界区域，而五官就属于边界区域；二是对"细节权重"的运用，即增强五官的细节来引导观者视线；三是对"微观递进"原则的运用，"面膜蒙版"本质上是对主体的细分处理。

> **提示**
>
> 需要注意的是，虽然让照片轻微过曝可削弱细节，面色偏黄时可通过白平衡纠正，但是这两类参数需要在全局中设置。"面膜蒙版"仅适用于设置细节的相关参数，即"纹理"和"清晰度"等，否则容易产生明显的分界线。

营造冷暖对比

通过"面膜蒙版"对照片进行初步调整后，先使用"反相椭圆"压暗照片的四周，然后通过两个"大椭圆"营造出冷暖对比的效果，如图6-53所示。

图6-53

突出人物

将人物的四周进行压暗，形成暗角效果，这样可以使人物的面部更加突出，压暗的区域可以自行确定，如图6-54所示。

图6-54（Stefan 摄）

● 塑造面部

在完成主要肌肤的处理之后，可以根据"微观递进"原则，对面部的五官进行细微处理，可使用"画笔"并结合化妆技巧来实现。

营造五官轮廓

在面部的处理过程中，不仅可以改变细节，还可以塑造人物面部的立体感，如图6-55所示。

图6-55

在塑造面部立体感的过程中，可以提亮鼻子两侧的阴影（红色区域），并压暗脸颊两侧的阴影（绿色区域），使面部看起来更立体，如图6-56所示。

图6-56

塑造面部立体感的调整方法源于化妆技巧，压暗鼻侧面并提亮鼻梁，这样可使鼻子显得更挺拔。注意，鼻梁上的高光应延伸至额头区域，同时要注意高光的平滑过渡，如图6-57所示。除此之外，还可以添加腮红或彩色的眼影等。

图6-57

营造漫画效果

处理面部时可以通过消除明暗差异，营造出类似漫画的效果。在处理过程中，可使用大量的小范围蒙版来消除原先存在的亮度差异，这也是对"微观递进"原则的运用，如图6-58所示。

图6-58

● 背景的处理

以全景和中景配合大光圈拍摄的人像照片，大多可以使用"选择主体"功能创建人物或背景蒙版，从而实现两者的分别调整。调整的方法一般是压暗背景以突出人物，不过当背景细节较多时，这种方法就不适用了。

通过亮度削弱

图6-59所示的照片中背景的细节较多，无法通过压暗背景来突出人物，此时可以提高亮度来对其进行削弱。

曝光 + / 阴影 +
白色 − / 黑色 +

图6-59

通过雾化削弱

大光圈所形成的虚化背景细节较少，怎样处理问题都不大，此时主要考虑的是与人物的搭配。图6-60所示为对背景进行压暗和雾化处理前后的效果对比，右图的雾化效果与整体氛围更协调。

曝光 − / 阴影 − / 黑色 +
色温 + / 色调 −
去除薄雾 −

图6-60

> **提示**
>
> 虽然雾化背景与提高亮度看起来有点像，但是它们的原理完全不同，雾化不会导致过曝，而且可以有效地削弱细节，配合亮度和白平衡的调整可以实现色彩的变化，在浅景深的人像背景处理中十分实用。

通过空间关系削弱

图6-61所示的照片通过对背景进行模糊处理来模拟景深效果。当模糊程度不足时，可以通过复制蒙版的方式进行参数的倍增。

纹理 −
清晰度 −
锐化程度 −

图6-61（Stefan 摄）

通过过曝削弱

当背景较复杂且抢占了人物的细节权重时，压暗画面反而会增强其细节，这时可以反其道而行之，将背景大幅度地提亮至过曝，以达到削弱的目的，如图6-62所示。

图6-62

6.2.2 肖像后期

视频位置	视频文件 >CH06>6.2.2 文件夹
素材位置	素材文件 >CH06>6.2.2 文件夹

在处理肖像类照片时，需要体现出场景的真实感与人物的特点，因此与进行皮肤柔化处理的人像后期不同，很多时候肖像后期需要增强画面细节来反映人物的特点。

● 手动绘制

突出面部的皱纹和沟壑是老年类肖像照片的常见处理方式，如图6-63所示。

图6-63（林完生 摄）

具体的处理方法是，先压暗面部以外的区域，然后用"减去画笔"在这个蒙版的人物衣服上排除不需要压暗的区域，如图6-64所示，这其实也是在使用减曝加光法。人物皮肤皱褶感的增强可通过调整"纹理"和"清晰度"来实现，注意控制调整的幅度。

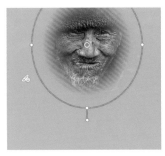

图6-64

将其转为黑白照片后，使用"黑白混色器"选项对画面进行调整，效果并不理想。由于人物身上一般不会出现太多的色彩，因此使用减曝加光法处理的效果较好，如图6-65所示。

图6-65

● 蒙版运算

图6-66所示的对这张照片也使用了减曝加光法，只是没有创建蒙版，而是直接在全局中大幅度地压暗画面，然后使用"选择主体"功能与"椭圆"工具创建交叉蒙版，提亮人物的一部分并增加其细节。

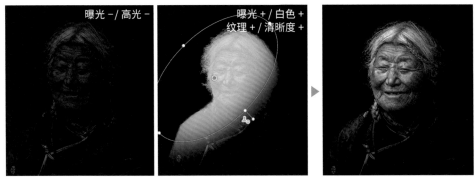

图6-66(李汝明 摄)

☞提示

本例之所以采用这种处理方式是因为原图的背景较单一，如果按照上一个案例的方法来处理，"反相椭圆"的痕迹会比较明显，而本例的方法不仅可以有效避免这种情况，还可以通过改变"椭圆"的位置、大小和"羽化"值来控制有效范围，就像在移动灯光一样，较为灵活。

在转为黑白照片后，由于失去色相的支撑，画面影调会变得平淡。因此可在现有蒙版中使用"添加画笔"添加蒙版的有效范围，并大致按照人物的服装特点进行勾勒，效果如图6-67所示。

图6-67

6.3 鸟类摄影后期

鸟类摄影后期的处理要点是充分展现鸟儿身上的羽毛细节，主要通过调整亮度来实现，可以配合调整"纹理"来增强羽毛的质感，尽量不要直接调整"锐化"，这可能会导致羽毛看起来不自然；其次拍摄鸟类所使用的镜头焦距较长且感光度较高，画面中容易产生噪点，且在背景中尤为明显，应尽量予以消除。

6.3.1 背景降噪处理

视频位置	视频文件 >CH06>6.3.1 文件夹
素材位置	素材文件 >CH06>6.3.1 文件夹

在对背景进行降噪处理时，可以先创建背景蒙版，然后将"减少杂色"的值调至最大，如图6-68所示。这种方式比较直观，只是在局部参数中"减少杂色"的影响力度较小，不能完全抹除噪点，且无法通过复制蒙版实现参数的倍增。

选择主体 / 反相 / 减少杂色 +

图6-68

相比之下，全局参数中的"减少杂色"影响力度较大，甚至可以消除画面中的所有噪点。但是，与此同时鸟儿的羽毛细节也被弱化了，因为噪点和细节同属于杂色，只不过背景中的噪点是需要消除的，而羽毛的细节是需要保留的。可以将全局参数中的"减少杂色"值调至最大，然后使用"选择主体"功能创建蒙版，设置主体的"减少杂色"为 –100，这样就抵消了全局参数的影响，如图6-69所示。

图6-69

这种方法相对来说要复杂一些，可以作为技术手段了解一下，在需要的时候使用。但在鸟类照片后期处理中并不建议这样做，因为在摄影比赛中这样处理可能会被认定为"过度后期"。

6.3.2 羽毛处理

视频位置	视频文件 >CH06>6.3.2 文件夹
素材位置	素材文件 >CH06>6.3.2 文件夹

表现鸟儿主体的关键就是羽毛的呈现，既要体现出羽毛的纤细，又要避免显得生硬，同时还要突出不同鸟儿的羽毛特点，这时就很适合运用"微观递进"原则来进行处理。

● **增强羽毛细节**

在解决完背景的问题后，就需要对鸟儿的羽毛进行处理，主要通过调整"纹理"的值改变其羽毛细节。如果对整只鸟儿进行调整，羽毛看起来就会像钢丝一样生硬，效果并不理想，如图6-70所示。

图6-70

鸟儿的羽毛需要处理得柔和一些,可以在重点区域适度地增强羽毛细节,如头部和翅膀周围,可以根据不同鸟儿的特点适当增加需要处理的范围。但是,有些区域的细节需要被削弱,以呈现出细节的差异,如图6-71所示。

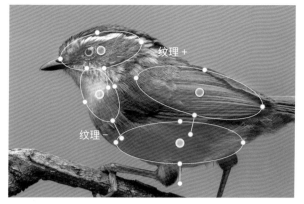

图6-71

在完成细节的处理后,以同样的思路来调整亮度。需要提亮的区域一般是头部、眼睛、翅膀和其他一些有特点的部位。压暗的区域可以选择在两个提亮区域之间,并与它们有一些交集,如图6-72所示。

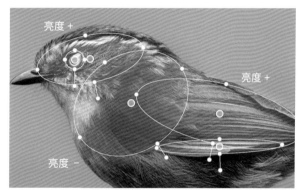

图6-72

对细节和亮度的差异化处理,其实就是对"微观递进"原则的运用。调整后鸟儿的羽毛显得更清晰,又避免了生硬感,同时鸟儿也显得更加立体。效果对比如图6-73所示。

图6-73

● 高反差羽毛的处理

有些鸟儿的羽毛会呈现出较大的亮度反差,这就需要通过多个蒙版对不同的区域进行调整,使其色彩更加柔和,羽毛细节更丰富。

斑鱼狗

　　斑鱼狗的羽毛就有明显的亮度反差，几乎是明暗的两个极端。先在全局调整中压暗高光并提亮阴影，白色和黑色不做调整。此时大部分羽毛的亮度已变得适中，再通过蒙版（可使用"明亮度范围"工具和"画笔"工具创建蒙版）调整一些极黑和极白的区域，效果如图6-74所示。

图6-74

白鹭

　　白鹭的羽毛也具有类似的特点，在全局调整中压暗高光并提亮阴影，画面效果就可以得到改善，如图6-75所示。

图6-75

　　根据"微观递进"原则对照片进行细化，可以看到颈部的羽毛产生了类似过曝的高光堆叠效果，处理方法是创建蒙版来单独调整这个区域，如图6-76所示。

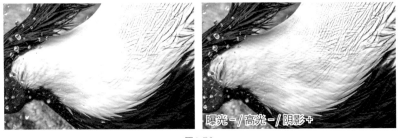

图6-76

在主体可以被有效识别的情况下，可以使用"选择主体"功能与"反相"操作创建背景蒙版，适当压暗背景，并适当增强"承载部"，如图6-77所示。

图6-77

白鹭

白鹭的羽毛都是白色的，可以通过增加曝光来提高整体亮度，如图6-78所示，但是不能增加白色，否则容易过曝。

图6-78

创建背景蒙版并将其压暗，再对"承载部"进行增强，如图6-79所示。

图6-79

提示

需要注意的是，使用图6-79所示的参数组合时，应避免改变鸟儿羽毛的固有特点。如果羽毛原先的结构就比较纷杂，则保持其原始形态为佳。

- **净化羽毛**

当鸟儿身上的羽毛显得比较脏时，可以通过图6-80所示的参数组合对其进行处理。

阴影 +
黑色 −
色温 −
清晰度 −
锐化程度 +

图6-80（吴伟 摄）

只要从基础知识入手就不难明白，削弱细节的参数适用于净化羽毛，并在此基础上适当调整其他参数，如"色温"和"锐化"，如图6-81所示。这是少数直接调整"锐化"还能维持细节的情况之一。

图6-81

- **优化蒙版边缘**

本例中还有一个问题需要注意，使用"选择主体"功能与"反相"操作后，得到的背景蒙版边缘并不精确，这种不精确在一些幅度较大的调整中容易留下痕迹。例如，在压暗背景与减少杂色后，放大图像就会看到鸟儿的周围还有些许噪点，并且还有由于亮度过渡不均而产生的痕迹，这时就需要使用"画笔"工具补齐蒙版的边缘，如图6-82所示。

图6-82

上述操作如果有困难，一般就是图像放得不够大。可以尝试将其放大至1000%的比例，然后一边绘制，一边移动图像，围着鸟儿划一圈就可以了，这个方法也适用于其他需要优化蒙版边缘的情况。

6.3.3 场景与氛围

视频位置	视频文件 >CH06>6.3.3 文件夹
素材位置	素材文件 >CH06>6.3.3 文件夹

在鸟类摄影后期中，除背景的降噪和羽毛的处理外，场景的处理也很重要，可以通过不同的效果来营造不同的氛围。

• 消除背景色差

长焦镜头可以有效地突出主体，但是场景中的其他元素可能会在虚化的背景中产生其他颜色，造成视线干扰。此时可通过创建蒙版的方式对其进行修补，再通过调整白平衡和亮度对其进行消除，如图6-83所示。

图6-83

• 消除反光

图6-84所示的照片前景中有较亮的反光，可以通过创建蒙版的方式对其进行消除。需要注意的是，要适当地调整靠近鸟儿主体的区域。

图6-84（马锋 摄）

• 营造冷暖对比

在处理有明显光线照射的场景时，可以考虑营造冷暖对比。使用"选择主体"功能与"明亮度范围"工具██创建交叉蒙版，将鸟儿身上的高光区域的色温转暖，然后增强其"承载部"，如图6-85所示。

图6-85（吴伟 摄）

提示

如果冷暖对比效果还不明显，可以在"颜色分级"选项中将"高光"指定为暖色，并适当调整其他参数。

● 处理水花

鸟儿在水面上扬起水花的场景价值较高，但是水花的表现往往不够充分。因此，水花的提取在后期处理过程中至关重要，下面分情况进行讲解。

少量水花

只有少量水花时，可以使用"选择主体"功能得到背景的蒙版，然后将背景压暗以突出主体。本例的这张照片的处理关键点是提取水花，可以使用"椭圆"工具与"明亮度范围"工具█创建交叉蒙版来限定处理范围，如图6-86所示。

图6-86（龙珍 摄）

大量水花

照片中有大量水花时，可使用"椭圆"工具与"明亮度范围"工具■创建交叉蒙版来限定水花的范围，然后使用"减去画笔"去除多余的区域，如图6-87所示。

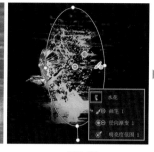

图6-87

这张照片使用"选择主体"功能创建的蒙版中会包含一些水花，进行"反相"操作后得到的背景蒙版中就不会包含水花，但将其进行压暗后的痕迹会很明显。解决的方法是将水花所在的区域添加至背景蒙版中，如图6-88所示，先统一进行压暗，再单独提亮水花所在的蒙版。

图6-88

6.3.4 增强细节

视频位置	无
素材位置	素材文件 >CH06>6.3.4 文件夹

Camera Raw提供了增强细节的功能，使用鼠标右键单击图像，在弹出的快捷菜单中执行"增强"命令（快捷键为Ctrl+Shift+D），并在打开的对话框中勾选"原始数据详细信息"选项和"超分辨率"选项。在预览窗口中可以看到照片的细节有所改善，边界区域的效果还是比较明显的，如图6-89所示。

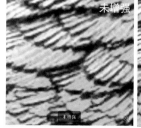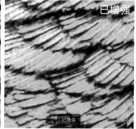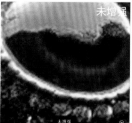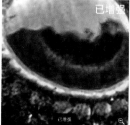

图6-89

这个功能通过人工智能对原始数据进行计算与分析，然后根据结果来增强细节，如果拍摄的原图存在问题，那么计算出来的结果也没有意义，因此该功能不能改变原始设备的性能。确定增强后会另外生成一个DNG格式的文件，该文件较大，如果计算机性能不佳，则处理过程可能会比较久。

> **提示**
> 只能对原始的RAW格式的图像使用"增强"功能，该功能不适用于通过其他方式转换或生成的图像。

6.3.5 成品比例

视频位置	无
素材位置	素材文件 >CH06>6.3.5 文件夹

由于现在人们越来越多的交流都是在手机上进行的，而手机是竖屏的。因此可以采用9∶16的比例进行构图，这样可以充分地利用屏幕空间，让人们的沉浸感更强。除此之外，也可以采用2∶3和1∶1的比例进行构图，图6-90所示为不同比例的构图效果。

图6-90

6.4 纪实摄影后期

视频位置	无
素材位置	素材文件 >CH06>6.4 文件夹

纪实摄影后期需要尽量在全局的亮度调整中完成，可以适当地提亮一些影响画面表达效果的阴影。图6-91所示的照片中，右图单独降低了背景的饱和度，这是不符合纪实摄影要求的操作。

图6-91

图6-92所示的照片中，左下方的两个人是要突出的重点，但是如果对陪体人群和背景的压暗幅度过大，就会导致同一群体中出现明显不同的亮度差异，这也不符合纪实摄影的要求。

图6-92

图6-93所示的照片中，中间的图提亮了阴影，这是符合纪实摄影要求的，但是右图又添加了冷暖对比，这就不符合要求了。

图6-93（卢增荣 摄）

图6-94所示的照片，对人物面部进行了增强，并压暗了高光区域，调整幅度都较小，并未改变原图的影调，这是符合纪实摄影要求的。

图6-94

图6-95所示的照片中，右图对高光和阴影做了调整，虽然单独对面部进行了提亮，但是调整幅度较小，这样也是符合纪实摄影要求的。

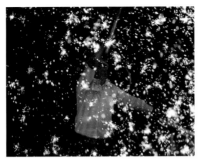

图6-95

图6-96所示的照片中，中间的图未改变原照的白平衡效果，仅增强了亮度反差，这是符合纪实摄影要求的，而右图在此基础上更改了局部的白平衡效果，这可能会被认定为"过度后期"。

图6-96

彩色照片转为黑白照片后，层次感会变差。黑白照片只能通过亮度体现画面层次，因此调整的幅度可以适当大一些。如图6-97所示的照片中，中间的图适当压暗了环境并突出了人物，这是符合纪实摄影要求的；但是右图的调整幅度过大，使晾晒的衣服呈现出了明显的层次，这就不可取了。

图6-97

通过以上几个例子不难明白，纪实摄影后期在区域划分和蒙版创建上与其他类型的摄影后期并没有明显不同，区别主要在于调整幅度上。纪实摄影后期应避免大幅度地调整参数值，也不能明显改变原图的影调，更不能添加原图中不存在的层次。所以更改全局白平衡是可以的，但是通过调整局部白平衡来营造色彩反差就不行。除此之外，还要注意不能更改像素之间的相对位置，可以对照片进行重新构图、缩放和旋转等操作，但是不能使用"几何"选项校正畸变。

> 提示
>
> 长久以来，纪实摄影后期的调整范围备受争议，不同影赛的要求也不尽相同，投稿前应先行了解，但是仅压暗高光和提亮阴影是没问题的。其他的操作每多一步，被认定为违规的风险就大一分。从这一点出发，前期的拍摄应准备得足够充分，让照片只需要做简单的调整即可达到参赛作品的标准。

6.5 人文摄影后期

　　人文摄影主要用来记录文化活动，虽然和纪实摄影有较大的重叠，但是在人文摄影后期中可以根据自己的主观想法表现画面，自由度更大。本节中的案例将不再给出任何参数，可以参照图示自行调整，或者根据自己的想法处理照片。

6.5.1 油坊工人

视频位置	视频文件 >CH06>6.5.1 文件夹
素材位置	素材文件 >CH06>6.5.1 文件夹

　　对图6-98所示的照片进行处理，压暗背景并提亮飞扬的茶籽。主要的蒙版有3个，它们的作用分别是压暗背景、提亮茶籽和抑制高光，其中，抑制高光的蒙版是使用"明亮度范围"工具█和"椭圆"工具创建的。

图6-98

6.5.2 陶缸制作

视频位置	视频文件 >CH06>6.5.2 文件夹
素材位置	素材文件 >CH06>6.5.2 文件夹

　　图6-99所示的这张照片的处理思路相对简单。使用"反相椭圆"来营造影调，再根据"微观递进"原则对各个局部进行调整，注意不要忽略背景中陶缸的光线营造。

图6-99

6.5.3 道路作业

视频位置	视频文件 >CH06>6.5.3 文件夹
素材位置	素材文件 >CH06>6.5.3 文件夹

处理图6-100所示的这张照片时需要对烟雾进行调整，为烟雾创建蒙版需要一些技巧。先使用"明亮度范围"工具█创建蒙版，此时其他同亮度的区域也会被选中，然后使用"明亮度范围"工具█与"椭圆"工具创建交叉蒙版以排除其他区域，将"椭圆"限定在画面中央。因为不能干扰到人物，所以需要去除人物所在的区域，之后用"减去画笔"排除其他区域。

图6-100

在处理人物时，可以增强其轮廓感，这就需要将人物内部压暗并提亮其边缘。因此使用"明亮度范围"工具█与"选择主体"功能创建交叉蒙版，分别得到人物边缘和人物内部的蒙版，效果如图6-101所示。

图6-101

6.5.4 丰收

视频位置	视频文件 >CH06>6.5.4 文件夹
素材位置	素材文件 >CH06>6.5.4 文件夹

图6-102所示的这张照片的处理思路就是常见的提亮阴影和压暗高光。但是本例的情况要复杂一些，需要创建多个蒙版来应对各个元素的处理。

图6-102

使用"选择主体"功能与"椭圆"工具创建交叉蒙版就可以选定人物，如图6-103所示。这种方法可以很方便地限定人物范围，而且"椭圆"自带羽化效果，可以使边缘过渡得更柔和。

图6-103

"海带"蒙版的创建可以使用"色彩范围"工具 来实现，但是选定的区域比较复杂，并不适合用"椭圆"工具创建交叉蒙版，因此改用"画笔"对其实现精确覆盖，如图6-104所示。

图6-104

提示

在使用"画笔"绘制蒙版时，需要注意左侧的山体和下方的石头。它们同属于海带的色彩范围内，因此绘制时要细致一些。对于很难精确绘制的区域，如果其面积不大可以忽略，也可以使用较大的笔刷淡化其边缘。

根据"视觉权重律",下方的石头太亮应该压暗,由于使用"直线"工具创建的蒙版会影响到海带,因此可以使用"色彩范围"工具  与"直线"工具创建交叉蒙版来避开海带,实现对石头的压暗,如图6-105所示。

图6-105

👉 **提示**

这个案例的制作在理论层面上并无特别之处,但是在实际操作中,用到了在元素复合区域中创建蒙版的技巧。主要方法就是用亮度或颜色差异来区分复合区域内的元素,再使用交叉蒙版对元素进行精准覆盖,读者应多加练习并熟练掌握这个技巧。

6.5.5 制陶工人

视频位置	视频文件 >CH06>6.5.5 文件夹
素材位置	素材文件 >CH06>6.5.5 文件夹

处理图6-106所示的这张照片的过程中,有3个较为重要的蒙版。其中,背景蒙版和人物面部蒙版做的是常规的压暗和增强处理,还有一个蒙版在人物的背光区域,压暗背光区域可以增强人物的轮廓感。

图6-106

6.6 创意后期

如果说纪实摄影后期处理的目标是"越少越好"，人文摄影后期处理的目标是"应有尽有"，那么对照片进行创意后期的目标就是"面目全非"。在这个阶段要做的就是发散思维，不必再局限于任何原则，一切从视觉效果出发。

在第4章中就对图6-107所示的这张照片进行了创意后期处理，使用"颜色分级"功能对色彩进行了重新指定，然后通过调整白平衡形成了特殊的色彩结构，再添加光影就得到了最终效果。这个操作适用于有明显光线差异的场景，本节的部分案例需要添加这种色彩效果。可以在最终效果（如果之前制作的效果没有保留，可以直接应用快照）的缩览图上单击鼠标右键，在弹出的快捷菜单中执行"开发设置>复制设置"命令，然后执行"开发设置>粘贴设置"命令，将这种色彩效果粘贴到其他案例中。

图6-107

6.6.1 纪实场景创意

视频位置	视频文件 >CH06>6.6.1 文件夹
素材位置	素材文件 >CH06>6.6.1 文件夹

将图6-107所示的色彩效果添加到图6-108所示的这张照片上，需在打开的对话框中勾选"白平衡"选项与"颜色分级"选项。

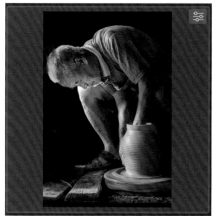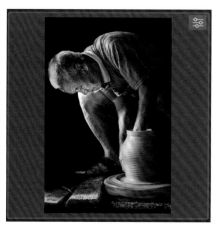

图6-108

之后在合适的位置添加点状高光，即可实现最终效果，如图6-109所示。如果需要经常使用这种色彩效果，可以将其添加为"预设"，仅勾选"白平衡"与"颜色分级"两项即可。

图6-109

6.6.2 放牧场景创意

视频位置	视频文件 >CH06>6.6.2 文件夹
素材位置	素材文件 >CH06>6.6.2 文件夹

先对照片做一些基础调整，再用同样的方法为其应用图6-107所示的色彩效果，如图6-110所示。但这次的效果并不理想。

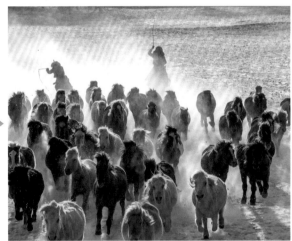

图6-110（王民忠 摄）

色彩对比不明显的原因是照片中的亮度都较高，反差小，而且色彩反差基本集中在暖调部分，冷调部分较少。解决的方法也很简单，先通过蒙版营造出整体影调的亮度差异，然后在马背上添加多处点状高光，并在空隙中添加多处点状阴影，再增强画面前方的细节，如图6-111所示。

图6-111

可以进一步增强亮度并提高白平衡的调整幅度，营造出更夸张的亮度和色彩效果。也可以在"颜色分级"选项中尝试将高光色彩改为蓝色或其他颜色，如图6-112所示。

图6-112

6.6.3 人文场景创意

视频位置	视频文件 >CH06>6.6.3 文件夹
素材位置	素材文件 >CH06>6.6.3 文件夹

将图6-107所示的色彩效果添加到图6-113所示的这张照片上。根据图像特点可知，这次只需保留色彩风格，无须添加高光点。除此之外，为了丰富画面内容，还可以通过蒙版在画面中添加一道光线。

图6-113

在应用这种色彩风格的时候，可能有些人会觉得效果一般，完全看不出其意义所在。这种风格是通过替换高光与阴影的颜色产生的，所以图像的亮度反差越大，颜色替换的效果就越明显。所以在应用这种色彩风格之前，最好先通过常规方法对照片进行处理，如图6-114所示。

图6-114

图6-115所示是本例中创建的蒙版，这些调整都是基于"视觉权重"进行的。

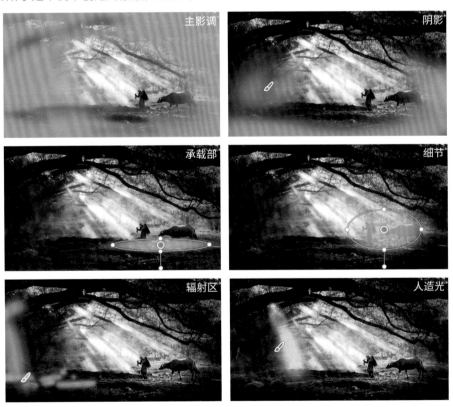

图6-115

通过添加人造光线来平衡画面内容是本例的一个亮点。在起点处用较小的笔刷单击图像，在终点处改用较大的笔刷，按住Shift键再单击图像，这样就能连接两点并形成锥形轨迹了，如图6-116所示。

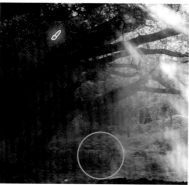

图6-116

🖐提示

绘制初始光线时建议不要使用"流量"为100%的笔刷，使用"流量"为70%的笔刷比较合适，这样便于后期再叠加不同的亮度。还可以在画面中模拟出其他光束，营造出缝隙感。

6.6.4 动物场景创意

视频位置	视频文件 >CH06>6.6.4 文件夹
素材位置	素材文件 >CH06>6.6.4 文件夹

先将图6-117所示的照片改为黑白图像，再对其进行常规处理。

图6-117（卢增荣 摄）

本例创建的蒙版位于背景和大象的面部，如图6-118所示。先使用"选择主体"功能创建蒙版，然后对其进行"反相"操作，再用"减去椭圆"法生成背景的蒙版。这样不仅可以有效避免地面与背景边界衔接不当，还可以突出"承载部"。

图6-118

受篇幅所限，还有许多后期类型和制作方法未能详述。本章通过实际操作可帮助读者理解处理思路，并掌握创建蒙版的技巧。为了实现"去参数化"，读者需要自行思考并实际操作才能完成本章的所有内容。

本章小结

本书要讲解的Camera Raw部分的内容到此结束。下一章讲解Photoshop应用部分，将实现"移花接木"等图像合成效果。需要注意的是，在后续章节中还会大量应用Camera Raw相关知识，因此务必完全掌握已学习的内容。

第 **7** 章

用 Photoshop 合成图像

从本章开始将使用Photoshop来进行摄影后期处理，主要涉及图像合成方面的知识。Photoshop和之前学习的Camera Raw不同，其功能更加强大。我们的任务并不是要完全掌握其使用方法，而是针对几类用途，以精益求精的精神学习必要知识点。"学得最少，用得最好"是本书追求的目标。为保证功能的一致性，建议使用Photoshop 2022进行操作。

7.1 基础知识

视频位置	视频文件 >CH07>7.1 文件夹
素材位置	无

在学习之前需要对Photoshop进行一些设置，使其符合我们的使用要求。需要注意的是，Photoshop的选项较多且十分精细，少选或多选一项都可能会出现完全不同的结果。因此在设置过程中，需要认真、仔细，切莫忽略任何一处细节。

7.1.1 首选项设置

为确保设置结果与本书中的内容一致，请先将"首选项"对话框中的参数重置为默认状态。执行"编辑>首选项>常规"菜单命令（快捷键为Ctrl+K）即可打开"首选项"对话框，如图7-1所示。单击"复位所有警告对话框"按钮 复位所有警告对话框(W) 和"在退出时重置首选项"按钮 在退出时重置首选项 ，然后单击"确定"按钮 确定 ，并退出Photoshop。

图7-1

重新启动软件后即可恢复为默认状态。再次执行"编辑>首选项>常规"菜单命令，打开"首选项"对话框。在"常规"选项中取消勾选"自动显示主屏幕"选项，如图7-2所示，这样，启动Photoshop后将直接进入工作界面。

图7-2

在"界面"选项中设置"颜色方案"为最深的颜色，如图7-3所示，此时窗口色彩会立刻发生变化。

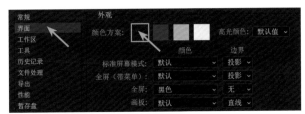

图7-3

在"工作区"选项中取消勾选"以选项卡方式打开文档"选项（如果未取消勾选会影响后续操作），取消勾选"启用窄选项栏"选项，再单击"恢复默认工作区"按钮 恢复默认工作区(R)，如图7-4所示，将工作区恢复为默认状态。

图7-4

在"工具"选项中取消勾选"显示丰富的工具提示"选项和"过界"选项，以防止操作时遇到干扰，然后勾选"用滚轮缩放"选项、"缩放时调整窗口大小"选项和"双击图层蒙版可启动'选择并遮住'工作区"选项，如图7-5所示。

图7-5

在"导出"选项中设置"快速导出格式"为JPG，"品质"为100，这样在制作完成后即可快速导出JPG格式的图像，单击"确定"按钮 确定 保存设置，如图7-6所示。至此，Photoshop的首选项设置就完成了。

图7-6

执行"编辑>首选项>Camera Raw"菜单命令，打开"Camera Raw首选项"对话框，在"工作流程"选项中勾选"在Photoshop中打开为智能对象"选项，如图7-7所示。这一步非常重要，在Bridge中也有同样的设置，两者是相通的，确定后退出对话框即可。

图7-7

执行"编辑>颜色设置"菜单命令(快捷键为Shift+Ctrl+K),在打开的对话框中设置RGB为"显示器RGB - sRGB IEC61966-2.1",如图7-8所示,然后单击"确定"按钮 关闭对话框。

图7-8

7.1.2 工作区域设置

Photoshop的工作界面主要由菜单栏、选项栏、工具栏、文档窗口和面板区组成,如图7-9所示。其中,文档窗口是图像的显示区域,处理图像时需要用到的工具在左侧的工具栏中,每个工具的设置选项位于选项栏中。

图7-9

提示

在合成图像时,常用的是"图层"面板。因此,可以仅保留"图层"面板,并将其拖曳出来,如图7-10所示。这样操作是为了给图像留出更多的显示空间。

图7-10

7.1.3 菜单与工具设置

在刚接触Photoshop时，很多人会困惑于菜单命令的查找。为了解决这个问题，可以给本章要用到的菜单命令"刷"上颜色。执行"编辑>菜单"菜单命令（快捷键为Ctrl+Shift+Alt+M），打开"键盘快捷键和菜单"对话框，在需要修改的菜单命令的"颜色"下拉列表中选择颜色即可，如图7-11所示。建议设置好一个类别后收起列表，便于后续查找。

图7-11

按照这个方法为常用的菜单命令"刷"上颜色："编辑>自由变换""编辑>天空替换""选择>取消选择""选择>反选""选择>主体""选择>天空""选择>选择并遮住""滤镜>Camera Raw滤镜""滤镜>模糊""窗口>图层"。

Photoshop中默认的工具栏包含多种工具，我们可以仅保留本章案例中会用到的工具。执行"编辑>工具栏"菜单命令，可以删减或增加工具栏中的工具。在打开的对话框中，先单击"清除工具"按钮 清除工具 ，然后从"附加工具"列表框中拖曳目标工具到"工具栏"列表框中。需要注意的是，在对话框底部的"显示"选项中，仅单击"显示前景/背景色"按钮 ，如图7-12所示。可以单击"恢复默认值"按钮 恢复默认值 恢复默认设置。

图7-12

本章常用的工具有如下几个。

"移动工具" ：用于移动选区或图层，也可以将素材拖曳至其他图像中，常用于布局画面。

"对象选择工具" ：通过查找并自动选择对象来创建选区。

"快速选择工具" ：通过查找和追踪图像的边缘来创建选区。

"套索工具" ：用于创建手绘选区。

"画笔工具" ：用于绘制图像，常用于修改图层蒙版。

"裁剪工具" ：用于裁剪或扩展图像边缘，常用于修改构图。

"污点修复画笔工具" ：用于移去标记和污点。

"内容感知移动工具" ：用于选择和移动图像的一部分，并自动填充移走图像后留下的区域。

至此，已经完成了Photoshop的基础设置。执行"窗口>工作区>新建工作区"菜单命令，在打开的对话框中勾选"菜单"选项和"工具栏"选项，存储工具栏与菜单的相关设置，如图7-13所示。这样就可以通过执行"窗口>工作区"菜单命令调用拥有这些设置的工作区了。

图7-13

7.2 图像合成初体验

视频位置	视频文件 >CH07>7.2 文件夹
素材位置	素材文件 >CH07>7.2 文件夹

本节将用Photoshop合成图像，使用"Camera Raw+Photoshop智能对象"的方法可以快速地制作出传统方式下Photoshop高手都较难完成的效果。在图7-14所示的合成图像中，"人物"图像与"背景"图像的色彩都发生了变化，并且背景呈现出了类似景深的模糊效果。

图7-14

7.2.1 打开智能对象

在Photoshop中执行"文件>打开"菜单命令，在打开的对话框中选择文件后将其打开。通过Photoshop和Bridge打开RAW和DNG格式的图像都会先启动Camera Raw，然后单击"打开对象"按钮 即可进入Photoshop的工作界面，如图7-15所示。

图7-15

如果没有出现"打开对象"按钮 ，那就是之前的设置不正确。此时可以单击"打开"下拉按钮 按，在下拉列表中选择"以对象形式打开"选项，如图7-16所示。

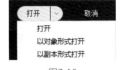

图7-16

> 👉 **提示**
>
> 为了方便管理，推荐使用Bridge对图像文件进行传送。但是这两种方法的最终效果并无不同，可根据实际情况自行决定。
>
> 需要将图像以未经调整的原图形式导入Photoshop中。如果要将图像恢复到原图状态，可以在Bridge中对其执行"开发设置>清除设置"菜单命令，也可以在Camera Raw中单击"切换到默认设置"按钮 。注意这个按钮不会撤销裁剪操作，如果图像经过裁剪，则需要手动还原。

在Photoshop中打开图像后，"图层"面板中会出现图层的名字，默认为图像的名字。为了方便观看，可以在"图层"面板的空白区域单击鼠标右键，在弹出的快捷菜单中执行"大缩览图"命令。需要特别注意的是，在图层缩览图的右下角有 图标，如图7-17所示，这个图标表示这个图层是智能对象。如果没有这个图标，说明该图层并非智能对象。

图7-17

智能对象是一种特殊的图层形式，它能保留图像的原始数据，在Photoshop中对其进行操作后，也不会改变其原始数据。本书要求所有导入Photoshop中的图像都要以智能对象的形式存在。

7.2.2 去除主体背景

执行"选择>主体"菜单命令，会看到图像中人物周围出现了虚线，这是Photoshop对选区的表示方法。此时，单击"图层"面板下方的"添加图层蒙版"按钮 ，就会看到图像中的背景被去除了，同时在"图层"面板中出现了一个由黑色与白色组成的图层蒙版。图像中的背景变成了灰白网格，出现这种网格表示当前图像处于透明状态，如图7-18所示。

图7-18

> **提示**
>
> Photoshop中的图层蒙版和Camera Raw中的蒙版的概念与作用并不相同，Camera Raw中的蒙版是用来进行局部调整的，而Photoshop中的图层蒙版是用来隐藏或显示图层内容的。如果把图层中的内容比作窗外的风景，那么图层蒙版就相当于窗帘。窗帘可以用来控制展现多少风景，窗帘全开风景俱在，窗帘合上一部分就只能看见部分风景，全拉上则看不到风景。

在Photoshop中，图层蒙版就是用来控制图层内容是否显示的。图层和图层蒙版如图7-19所示。图层蒙版由黑色和白色组成，其中的白色表示看得见的区域，黑色表示看不见的区域。用这个逻辑再来对比一下图层与图层蒙版就不难理解它们了。图层蒙版中的黑色区域会被隐藏起来，白色区域则会被保留。

图7-19

合成图像时经常需要除去主体以外的区域，也就是常说的"抠图"，这个操作实际上就是通过图层蒙版来完成的。而要使用图层蒙版，大多数情况下需要先创建选区。之前是通过菜单命令来创建选区的，只要图像内容明确，菜单命令和工具都能很好地识别出主体。

选区的质量决定着图层蒙版的质量，质量的好坏主要体现在选区的边缘是否准确和平滑。目前的效果看似还不错，但是放大图像后就会看到许多瑕疵。例如，人物左手的手指间隙和毛领边，如图7-20所示。后续会讲解如何去除这些瑕疵。

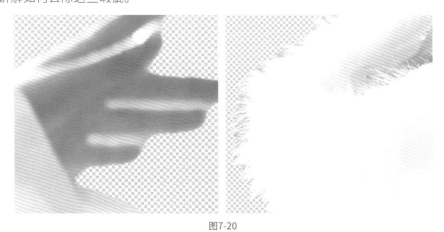

图7-20

7.2.3 合成图像

在Photoshop中将图像打开，此时会出现两个窗口，建议适当将它们都缩小一些便于平铺排列。在工具栏中选择"移动工具" ⊞ （快捷键为V），并取消勾选选项栏中的"自动选择"选项，然后将"人物"图像从原来的窗口拖曳至"雪景"图像的窗口中，此时即可看到人物与雪景的合成效果，使用"移动工具" ⊞ 将人物调整到合适的位置。这时"图层"面板中就有两个图层了，如图7-21所示。

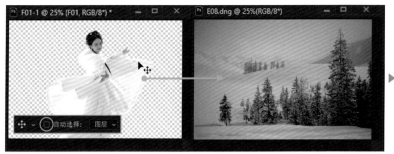

图7-21

图层是Photoshop的核心功能，可以将其想象为楼层。两个图层就像一栋二层小楼，观看图像就如同俯瞰房屋，会先看到二楼，再看到一楼。如果二楼足够大，则一楼的内容就会被遮挡而无法看见。在这个案例中，"人物"图像属于二楼，"雪景"图像属于一楼。正常情况下应该只能看到"人物"图像，不过由于"人物"图像用图层蒙版去除了背景，相当于把二楼凿空了一部分，因此能看到一楼的部分雪景。

目前的"图层"面板中有两个图层，单击图层即可选择图层。使用"移动工具" ⊕时要注意是否正确地选择了图层，如果现在要改变人物的位置，就必须先选择人物所在的图层，这样才能移动人物。

☞ 提示

当操作失误或者对当前效果不满意时，可以执行"编辑>还原"菜单命令（快捷键为Ctrl+Z）进行撤销。

7.2.4 图像合成三要素

"图像合成三要素，布局、色彩、清晰度。"这句话指的是布局、色彩和清晰度是图像合成操作中的重点。在合成图像时，往往需要对多个图层进行操作，这些图层需要在布局、色彩和清晰度等方面进行匹配，才能令作品趋于完美。借此，可以联想到在讲解Camera Raw时提到的"视觉权重律"——亮度权重、色彩权重和细节权重。这与"图像合成三要素"其实是一脉相承的，只是根据应用阶段的不同而有所区别。

色彩的匹配在合成中是非常重要的，特别是合成在不同拍摄条件下拍摄的照片时，这些照片往往存在较大的反差。解决这个问题最好的方式不是依靠后期调整，而是需要尽可能地选择在同时间、同环境下拍摄的照片作为素材，这些素材在光照和色彩上基本相同，可以极大地减少工作量，合成的效果也会更好。如果一定要使用反差较大的素材进行合成，那么就需要熟练地使用Camera Raw调整图像。本小节案例中使用的图像在之前的步骤中已经进行了布局，下面将讲解如何匹配色彩与清晰度。

7.2.5 通过Camera Raw调整图像

在调整图像色彩之前，需要确定以哪个图像作为色彩调整的基准。对于这个案例而言，以"雪景"图像作为色彩调整的基准是比较合适的，因此先调整"雪景"图像，然后将"人物"图像的色彩向"雪景"图像靠齐。

之所以强调必须确保图层是智能对象，是因为这样可以通过Camera Raw调整图像，而不是使用传统的调整方式（如曲线、色相/饱和度等）。通过Camera Raw调整图像，Photoshop新手也可以做出传统调整方式下难以实现的效果。双击雪景所在的图层的缩览图即可启动Camera Raw，如图7-22所示。需要注意的是，双击图层缩览图才能启动Camera Raw，而双击其他位置则会启动其他功能。

图7-22

在Camera Raw中对"雪景"图像进行常规调整，完成后单击"确定"按钮 即可退出Camera Raw。此时将回到Photoshop中，"雪景"图像就变成了调整后的效果，图层缩览图也会同步更新，如图7-23所示。

图7-23

接下来按照同样的步骤对"人物"图像进行处理，注意还需要单独压暗人物衣服处的高光。至此，就完成了两幅图像的色彩匹配，完成后的效果比之前好多了，如图7-24所示。

图7-24

7.2.6　使用模糊滤镜

在解决了色彩匹配问题后，接下来对清晰度进行匹配。人像的背景应该较为模糊，因此需要对"雪景"图像进行模糊处理。先选择雪景所在的图层，然后执行"滤镜>模糊>高斯模糊"菜单命令，在打开的对话框中设置一个合适的模糊"半径"。完成设置后，在其图层下方会多出一个"智能滤镜"项目，这就是刚才添加的"高斯模糊"滤镜，双击"高斯模糊"这几个字即可重新设置模糊参数，如图7-25所示。

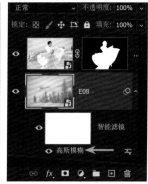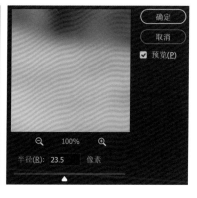

图7-25

在执行"滤镜"命令的时候，切记要先选择正确的图层，避免对其他图层进行误操作。至此，素材匹配完成。虽然还存在蒙版的部分区域抠取得不够精确的问题，但是其效果相比之前已经有了很大的提升，基本上可以算作成品了。

7.2.7　优化蒙版

当图层蒙版不够精确时，对图像的遮挡效果也不好，特别是在一些微小的细节上，会令合成的效果大打折扣。因此需要掌握图层蒙版的修改方法，这是完善作品的必备技能。

● 使用选择并遮住功能

之前通过放大图像，已经看到人物的手指间隙和毛领边存在瑕疵，这是由于软件自动识别的能力有限，无法精准地判断此类细小区域。可以用"选择并遮住"功能来优化图层蒙版。在"图层"面板中，双击图层蒙版的缩览图即可进入"选择并遮住"工作区，此时的界面如图7-26所示。第1次使用这个功能时，系统会提示是否进入"选择并遮住"工作区，进入工作区后建议将图片缩放至适应视图大小（快捷键为Ctrl+0）。

图7-26

👉 **提示**

为了方便操作，可以在"属性"面板中勾选"实时调整"，并设置视图模式为"图层"，然后在"输出设置"选项中设置"输出到"为"图层蒙版"，如图7-27所示。

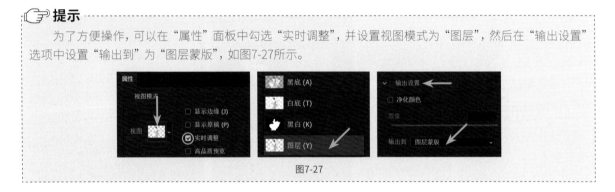

图7-27

进入工作区后，可以看到左侧的工具栏与之前的有所不同，这是"选择并遮住"工作区中特有的工具栏。选择"调整边缘画笔工具" 🖌，并设置笔刷"大小"为"30像素"，然后在手指的缝隙中进行涂抹，即可看到手指缝隙间的瑕疵被去除了。用同样的方法去除其他地方的瑕疵，注意毛领边有多处瑕疵，如图7-28所示。去除这些瑕疵后，按住Space键围绕人物再次进行检查，查看是否还有需要优化之处。至此，这个合成作品就完成了。

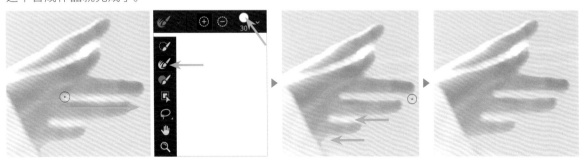

图7-28

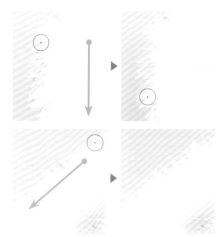

图7-28(续)

使用"选择并遮住"工作区中的工具，可以从众多琐碎的细节中准确找出对象边缘，这个强大的功能在Photoshop的进步史中占据重要地位。执行"文件>导出>快速导出"菜单命令可以快速生成JPEG格式的图像，执行"文件>存储"菜单命令可以将图像保存为PSD格式的文件。PSD格式的文件中将存储图像中的所有内容，如图层、蒙版和智能对象等。再次通过Photoshop打开保存的图像文件后，可以对其中的内容进行编辑。

• 使用"画笔工具"

下面将通过案例讲解如何使用"画笔工具"█（快捷键为B）来调整图层蒙版。为了避免以下操作对之前的作品造成影响，可以执行"文件>存储副本"菜单命令，将文件另存为一个PSD格式的文件。

蒙版的作用原理是通过黑色和白色来控制图层内容的隐藏与显示，因此可手动更改蒙版中的黑白分布情况，即使用"画笔工具"█涂抹蒙版以控制图像内容的隐藏或显示。

☞ 提示

为了统一设置，这里先将"画笔工具"█复位。在选项栏的"画笔"图标█上单击鼠标右键，然后在弹出的快捷菜单中执行"复位工具"命令，如图7-29所示。这样"画笔工具"█的所有设置都恢复至默认状态了。今后使用"画笔工具"█出现各种问题时，都可先将其复位。

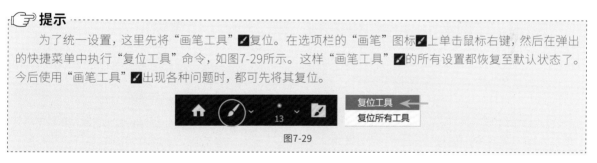

图7-29

选择"画笔工具"█，在选项栏中单击█图标，设置笔刷"大小"为"322像素"，并设置"流量"为15%，如图7-30所示。使用流量较小的笔刷是为了防止图像出现剧烈的变化。按快捷键"["可调小笔刷，按快捷键"]"可调大笔刷。按住Alt键，并在按住鼠标右键的同时拖曳鼠标也可以更改笔刷的大小。

图7-30

在调整图层蒙版时，仅使用黑色与白色。前景色与背景色设置工具位于工具栏下方，如图7-31所示。按D键可以恢复默认颜色，按X键可以交换前景色与背景色。

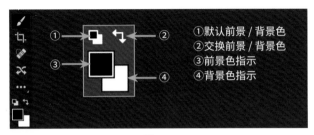

图7-31

选择人物所在图层的蒙版，然后使用黑色的"画笔工具" ✏️ 涂抹衣角的位置，如图7-32所示。这相当于将图层蒙版中原来的白色转成了黑色，对应内容就会被隐藏。由于笔刷流量较小，因此每次涂抹的效果都不明显，可来回涂抹几次以加深效果。

图7-32

用这种方法在衣服的其他区域涂抹，可以形成半透明的效果，如图7-33所示。

图7-33

使用"画笔工具" ✏️ 可以修改图层蒙版中原有的黑白分布情况，从而实现图层的隐藏与显示。因为使用了流量较小的笔刷，所以营造出了位于显示和隐藏两者之间的半透明状态，这与Camera Raw中"画笔"工具 ✏️ 的使用技巧类似。

提示

需要特别注意的是，本书对"画笔工具" 🖌 的应用仅限于图层蒙版中，因此在使用"画笔工具" 🖌 之前要先确认是否选择了图层蒙版。如果选择的是图层，鼠标指针将变为"禁用"图标 ⃠，强行绘制将出现图7-34所示的警告信息，此时一定要单击"取消"按钮 取消，返回后再选择图层蒙版。如果单击"确定"按钮 确定 将会栅格化智能对象，这与本书的设定不符。

图7-34

在图层蒙版中涂黑色可以隐藏图层内容，而涂白色则可以还原原本被黑色隐藏的区域，如图7-35所示。这个操作仅用于讲解如何使用"画笔工具" 🖌 来调整图层蒙版，并不符合创作意图，因此尝试一下即可，按快捷键Ctrl+Z可以撤销操作。

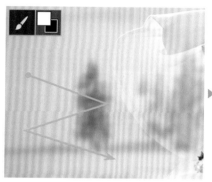
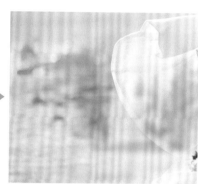

图7-35

"画笔工具" 🖌 的使用让我们掌握了对图层蒙版的终极修改技能。当用所有手段都无法有效优化图层蒙版的边缘时，可以选择颜色正确的"画笔工具" 🖌，将图像放到足够大，并进行精雕细琢，就如同在Camera Raw中的操作一样。如果涂抹图层蒙版后并没有产生效果，那么最有可能的就是选错了颜色。例如，需要将隐藏的区域显示出来，却用黑色的笔刷涂抹图层蒙版。由于隐藏区域的图层蒙版本来就是黑色的，因此无论怎么涂抹黑色都是无效的，此时需要用白色笔刷涂抹。此外，还可能是笔刷的"大小"与"流量"设置得不合适，请自行检查。

7.3 制作动感模糊效果

视频位置	视频文件 >CH07>7.3 文件夹
素材位置	素材文件 >CH07>7.3 文件夹

图7-36所示的是一张划龙舟的照片，可以使用Photoshop来为其营造动感模糊效果。

图7-36

01 执行"滤镜 > 模糊 > 动感模糊"菜单命令，在打开的对话框中设置"角度"为"0 度"，并设置"距离"为"85 像素"，为这张照片添加模糊效果，如图 7-37 所示。

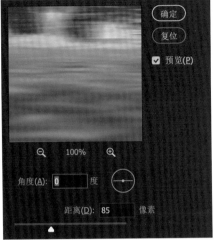

图7-37

02 "动感模糊"滤镜虽然实现了模糊效果，但是主体和背景都变得模糊了，因此可以使用黑色的笔刷，在滤镜蒙版中涂抹出需要还原的区域，建议将主体人物完全还原，其他区域适当地"半还原"即可，注意清晰度要有一定的反差，如图 7-38 所示。至此，动感模糊效果就制作完成了。

图7-38

　　为智能对象添加的滤镜会以智能滤镜的形式存在，并且附带一个滤镜蒙版。这个蒙版控制着滤镜的作用区域，全白意味着对全部区域有效，被涂黑的区域将不显示滤镜效果，也可以再次涂白色来恢复其效果，所以可以通过滤镜蒙版调整滤镜的作用区域。

7.4 使用图层混合模式

图层混合模式是Photoshop中的一个非常有用的功能，可以让原本处于互相遮挡状态的多个图层产生融合的效果，应用得当可以制作出天空倒影或模拟出二次曝光的成像效果。

7.4.1 制作天空倒影

视频位置	视频文件 >CH07>7.4.1 文件夹
素材位置	素材文件 >CH07>7.4.1 文件夹

本案例将天空中的云彩作为倒影，映入滩涂的景色中，如图7-39所示。

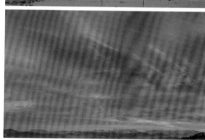
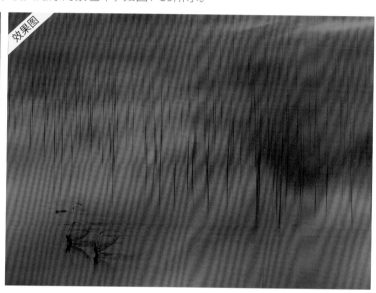

图7-39

01 在 Photoshop 中导入"滩涂"图像，这是一个常见的霞浦人文场景，遍布滩涂的竹竿是其主要特色。为其添加"动感模糊"滤镜，营造出模糊效果，设置"角度"为"90 度"，并设置"距离"为"150 像素"。再用黑色的低流量笔刷对滤镜蒙版进行涂抹，将人物及其周围区域还原，如图 7-40 所示。

图7-40

02 将"云彩"图像导入 Photoshop 中，并置于滩涂所在图层的上层。想让云彩成为水中的倒影，就需要将这个图像进行翻转。双击云彩所在的图层的缩览图进入 Camera Raw，然后选择"裁剪"工具 **口**，再单击"垂直翻转"按钮 **ℤ**，将这个图像翻转后，再调整到合适的位置，如图 7-41 所示。

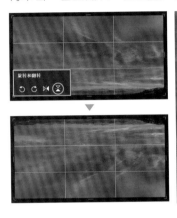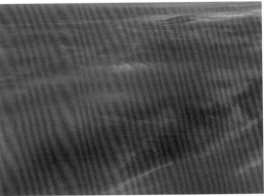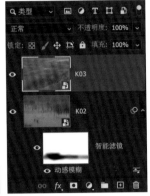

图7-41

☞ **提示**

其实也可以先在Camera Raw中将图像翻转后，再导入Photoshop中，这样操作是没有错的，效果也相同。本案例之所以没有这么操作，是因为这样会改变素材的原始状态。之后在用到这个素材时，素材都是翻转后的效果。制作时尽量不要改变素材的原始状态，因此按照上述步骤进行操作更佳。

其实在Photoshop中也可以通过执行"编辑>变换>垂直翻转"菜单命令将图像翻转，但是根据之前的惯性思维，建议通过Camera Raw翻转图像。而且如果先在Photoshop中翻转了图像，再进入Camera Raw，画面中显示的还是图像未翻转的状态，这样不利于观察。

---

03 目前的默认状态是云彩所在的图层完全遮挡了下方图层，此时需要选择云彩所在的图层，然后将图层混合模式从"正常"改为"强光"，如图 7-42 所示。

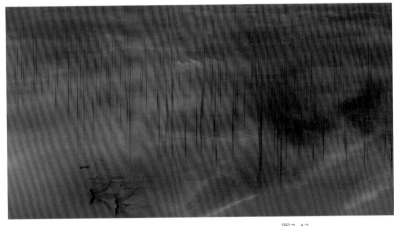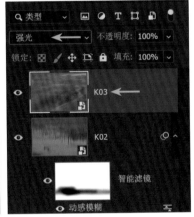

图7-42

☞ **提示**

图层混合模式用于将上下两个图层中的图像经过特定的计算后混合在一起，经常会用到的图层混合模式有"正片叠底""变亮""叠加"等。至于为什么会形成这个效果，我们不必深究其原理，只需知道如何设置即可，可以逐一尝试看看哪个效果更好。

04 更改图层混合模式后，云彩和滩涂就融合在一起了。但是云彩太具象不符合倒影的形态，因此可以为这个图层添加滤镜。执行"滤镜 > 模糊 > 径向模糊"菜单命令，在打开的对话框中设置"模糊方法"为"缩放"，"数量"为 35，在"中心模糊"的定位框中将中心点移至图像的右上方，营造出类似慢门的效果，如图 7-43 所示。至此，这个合成作品就完成了。

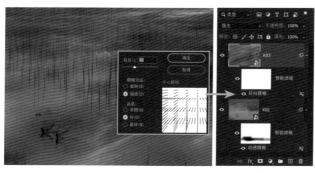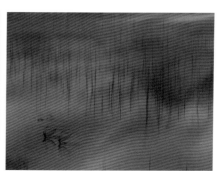

图7-43

此外，还可以通过Camera Raw调整"滩涂"图像来实现更多的效果。例如，扩大原图的亮度差异，并将其色温向偏暖的方向调整，可以得到不同的色彩混合效果，如图7-44所示。

图7-44

在Camera Raw中，可以通过设置不同的参数营造出多种色彩效果。除了全局调整，还可以通过调整局部来实现更多的创意效果，如图7-45所示。

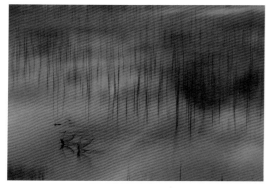

图7-45

7.4.2 模拟二次曝光效果

视频位置	视频文件 >CH07>7.4.2 文件夹
素材位置	素材文件 >CH07>7.4.2 文件夹

在学习了如何更改图层混合模式后，只要通过Camera Raw做好相关参数的设置，就可以模拟出二次曝光的成像效果。如图7-46所示，将左侧的两幅图像合成为一个不错的效果。

图7-46

01 将"人物"和"火花"图像导入 Photoshop 中，其中，"人物"图像需要应用素材文件中的快照，而"火花"图像保持原图状态即可。由于"人物"图像经过裁剪，因此其尺寸会小些。一般以较小的图像为底层图像，否则就会出现图 7-47 所示的情况。

图7-47

02 设置火花所在图层的混合模式为"变亮"，即可看到叠加曝光后的效果。再通过 Camera Raw 调整"火花"图像，将其水平翻转，这样火花可以更多地填充到画面中。"变亮"模式适用于合成此类光线较暗的图像。其中，较暗的区域会高度融合，但是有一些较亮的区域可能会出现瑕疵。如图 7-48 所示的照片，地面上出现了头盔。

图7-48

03 出现这个现象的原因是"火花"图像中的头盔较亮，不能很好地与其他元素融合。解决这个问题的方法也很简单，把这些区域压暗即可。在 Camera Raw 中调整这个图像，先在全局中压暗阴影并减少黑色，而对于一些"顽固"区域，可以创建蒙版来单独减少其曝光至最低，这样处理后合成的效果就好很多了。可以看到合成后的图像右侧的火堆显得较亮，修正操作请自行完成。调整过程如图 7-49 所示。至此，这个合成作品就完成了。

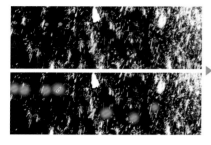

图7-49

由于二次曝光需要具备较多的前期拍摄技巧，因此许多号称二次曝光的作品都是通过这样的方法合成后，再通过翻拍形成RAW格式的图像。请自行完成图7-50所示的两幅合成作品的制作。

图7-50

7.5 使用对象选择工具

视频位置	视频文件 >CH07>7.5 文件夹
素材位置	素材文件 >CH07>7.5 文件夹

图7-51所示的合成图像，是以其中一幅图像为基准，通过图层蒙版将另外一幅图像中的鸟儿的背景去除，然后将它们合成在一起的效果。

图7-51（吴伟 摄）

☞ 提示

这两幅图像虽然是在同样的环境下拍摄的，但是在参数上略有不同。即使在前期拍摄时将参数完全锁定，也可能因光照变化而产生不同的效果。既然要将它们合成为一幅图像，那么它们在亮度和色彩上必须一致或接近，所以需要从白平衡和全局亮度的角度对它们进行匹配。虽然可以在合成之后进行匹配，但是在合成之前处理会更简单些。

01 先在 Camera Raw 中同时打开两幅图像，然后调整白平衡和亮度等，使它们在画面表现上形成一致的效果，如图 7-52 所示。这种方式可以很方便地来回切换查看调整后的效果是否匹配，进入 Photoshop 后就不能这样操作了，因为在 Photoshop 中每次只能通过 Camera Raw 打开一个图层。

图7-52

提示

需要注意的是，同样的画面表现效果并不意味着需要设置相同的参数。例如，设置为同样的白平衡，它们的色彩并不一定就能一致。这两张照片是在色温变化较快的黄昏时间段拍摄的，前后相差十几分钟，因此即使设置为同样的白平衡，两张照片还是会存在些许差异。此时应以一个固定事物（如石头）的色彩为准，反复比较它们的色彩并调整至接近。

02 将两幅图像全选（快捷键为 Ctrl+A），然后单击"打开对象"按钮，将它们导入 Photoshop 中。如果没有全选，则只会导入一幅图像。现以第 1 幅图像为基准，用图层蒙版将第 2 幅图像中的鸟儿的背景去除后拖曳至第 1 幅图像中，如图 7-53 所示。

图7-53

03 选择"对象选择工具"，在选项栏中选择"添加到选区"选项，如图 7-54 所示。将鼠标指针移动到鸟儿身上时系统会自动显示出主体区域，此时单击鸟儿即可创建主体的选区。

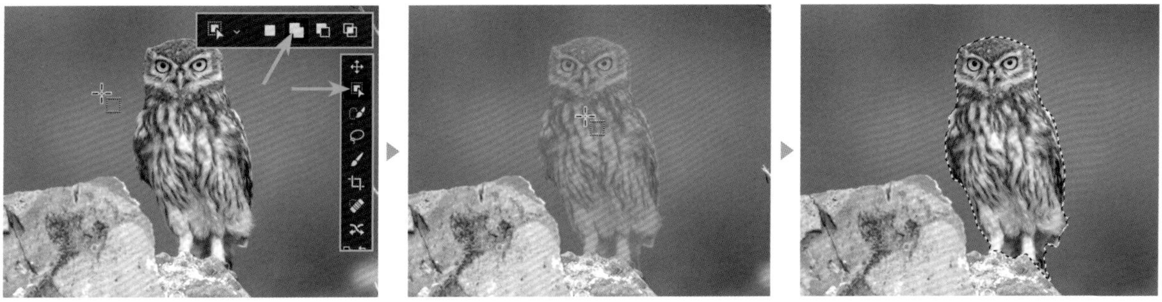

图7-54

04 因为鸟儿与其所在石头的景深必须一致，所以此时还不能直接添加图层蒙版，要将鸟儿所站的石头一并添加到选区中。使用“对象选择工具”框选石头，软件会自动进行判断并完成添加，如图 7-55 所示。

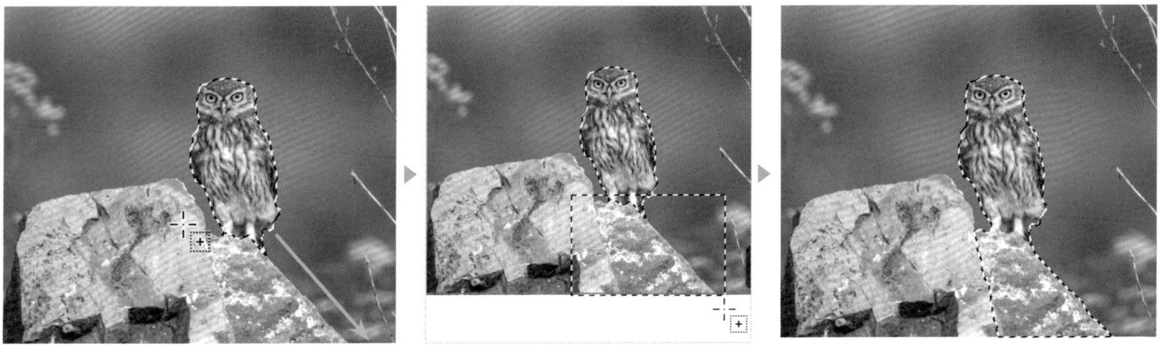

图7-55

05 如果不小心多选了，可以按住 Alt 键框选需要减去的区域，进行“从选区减去”操作，如图 7-56 所示。

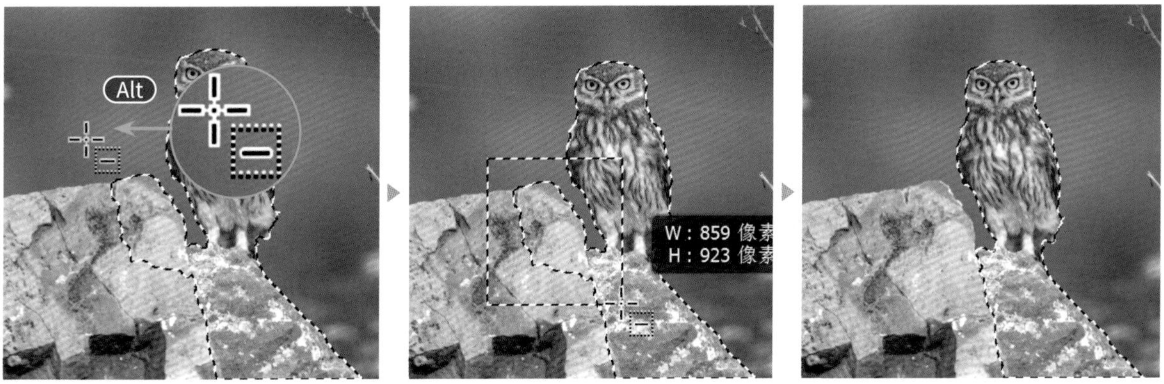

图7-56

提示

之所以要使用“对象选择工具”，是因为很多时候执行“选择>主体”菜单命令并不能创建理想的选区，而使用该工具可以对明确的对象进行增减操作。因为添加的操作比较多，所以选择“添加到选区”选项，在需要减去的时候按住Alt键即可。而对于一些较难判断的区域，可进行多次增减操作，软件会自动判断并修改选区。如果没有选择“添加到选区”选项，那么需要按住Ctrl键进行“添加到选区”操作，否则新的选区会自动替换旧的选区。

06 在创建选区后，为其添加图层蒙版，然后将其移动到画面中的合适位置。接下来使用 Photoshop 的"裁剪工具"▢（快捷键为 C）重新构图。具体操作与 Camera Raw 中的"裁剪"工具▢的操作类似，在选项栏或裁剪框中单击鼠标右键即可选择裁剪比例。无论如何设置裁剪比例，智能对象的裁剪都不会影响原始图像。选择"裁剪工具"▢后单击图像即可查看原始图像。为了避免今后对非智能对象的图层造成影响，建议在"裁剪工具"▢的选项栏中取消勾选"删除裁剪的像素"选项，如图 7-57 所示。至此，这个合成作品就完成了。

图7-57

7.6 合成极光雪景

视频位置	视频文件 >CH07>7.6 文件夹
素材位置	素材文件 >CH07>7.6 文件夹

本节将使用"雪景"图像和"极光"图像合成一幅极光雪景图像，如图7-58所示。方法为以"雪景"图像作为基准图像，并去除天空区域，然后将"极光"图像置于"雪景"图像的下方，再对它们进行匹配和融合。

图7-58

7.6.1 提高识别率

这幅作品以16：9的比例构图，因为是以"雪景"图像为基准图像的，所以需要先在Camera Raw中裁剪图像，然后将图像调整为高反差状态，这是为了提高Photoshop自动识别的准确性。因为图像反差越大边界就越分明，识别的准确度就更高。再使用"对象选择工具" █ 选择地面区域，因为会触及图像边缘，为了操作方便建议将图像窗口拉大至超出图像边界，注意不是放大图像，如图7-59所示。

图7-59

使用"对象选择工具" █ 框住地面区域，一步即可完成大部分区域的选取，如图7-60所示。在原图或常规调整的状态下，图像反差较小识别率会相对较低，虽然可以多次添加选区，但是会较为麻烦。

图7-60

如果想感受Camera Raw中的设置对识别率的影响，可以执行"选择>取消选择"菜单命令（快捷键为Ctrl+D），然后双击图层缩览图进入Camera Raw，应用素材文件中的快照"雪景1"，确认后再回到Photoshop中执行同样的操作，会发现识别率变低了很多。这个道理其实也不难理解，Photoshop的自动识别功能同人眼一样，是根据图像现状进行分析的。如果在Camera Raw中调整图像至完全过曝，则无法识别其中的内容。

7.6.2 使用快速选择工具

图像中的微小区域可能很难创建合适的选区，此时可以使用"快速选择工具" █ 来调整选区。单击"快速选择工具"按钮，选择大小合适的选区，然后直接涂抹漏选的区域即可将其添加到选区，在多选的区域中按住Alt键可以进行"从选区减去"操作。如果某些区域较难被选择，那么可反复增减几次，这个工具可以根据识别到的内容修改选区，如图7-61所示。

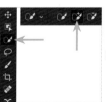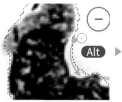

图7-61

创建选区后，添加图层蒙版将天空区域隐藏，然后将"极光"图像置于其下方，形成合成效果，如图7-62所示。

图7-62

现在来解决色彩匹配的问题。在Camera Raw中调整"雪景"图像，单击"切换到默认设置"按钮▣（快捷键为\）将图像还原到原图状态。需要注意的是，这个操作不会还原裁剪区域。调整白平衡和亮度，使其与极光的背景相匹配，再增强马车区域的"承载部"，如图7-63所示。

图7-63

优化蒙版。这其实比想象中容易，双击图层蒙版缩览图进入"选择并遮住"工作区，使用"调整边缘画笔工具"▣适当地涂抹树枝与背景的分界线，可以直接涂抹左侧树木的内部，如图7-64所示。

图7-64

目前，基本效果就已经实现了，但是左侧的树木还是偏亮导致合成效果不佳，再次通过Camera Raw压暗这个区域（可参考素材文件中的快照），效果如图7-65所示。至此，这个合成作品就完成了。

图7-65

7.6.3 使用自由变换

在完成上面的合成作品后，可以更换其背景，形成另外的效果，如图7-66所示。

图7-66

将"全极光"图像导入Photoshop中，由于其尺寸太大，因此需要将其缩小一些。选择全极光所在的图层，然后执行"编辑>自由变换"菜单命令（快捷键为Ctrl+T）。出现的定界框较大，超出了图像的显示范围。先将图像缩小，在出现完整的定界框后再对其进行操作。移动定界框4个角的控制点，将图像缩小至原图的50%左右，如图7-67所示。在定界框中双击或者按Enter键即可确认缩放，按Esc键可以取消操作。

图7-67

👉 提示

更改选项栏中"W"和"H"的数值也可以缩放图像，其中，"W"和"H"分别表示水平方向和垂直方向的缩放比例。可以直接输入数值，也可以将鼠标指针移至"W"和"H"字母上，按住鼠标左键并拖曳鼠标来改变其数值。缩放图像前需要单击"保持长宽比"按钮 🔗，这样图像的长与宽才能按比例同时进行缩放，如图7-68所示。考虑到操作的便利性，建议通过拖动定界框上的控制点来缩放图像。

图7-68

缩放智能对象是不会破坏图像的。选择图层并单击鼠标右键，然后在弹出的快捷菜单中执行"复位变换"命令，如图7-69所示，或者执行"编辑>自由变换"菜单命令，在选项栏中设置"W"与"H"的值为100%，使图像复位到最初的尺寸。

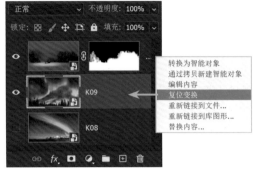

图7-69

　　对"全极光"图像进行色彩匹配处理。观察新背景的色彩可知，需要对雪景所在图层的图层蒙版做一些优化。例如，中间的树林和人物手中的缰绳等，效果如图7-70所示。至此，第2种合成效果就完成了。

图7-70

　　在这个案例中，最重要的技巧是通过Camera Raw中的反常规调整来提高Photoshop智能工具的识别率，添加图层蒙版后再将图像修改为常规调整的效果。这并不会影响图层蒙版的效果，但是一些会改变像素相对位置的设置要统一。其中，最容易忽略的是Camera Raw中"光学"选项中的参数设置，因为这些参数可能会使图像出现畸变。

　　此外，还学习了"快速选择工具"■的使用方法。这个工具主要用来处理选区中的一些难以完善的细小区域，其使用技巧和使用"画笔工具"■修改图层蒙版类似，将图像放到足够大即可。合成图像时常用到"自由变换"操作，通过这个操作可以更改图像大小和旋转图像等，使用前需要确保选择的是正确的图层。

7.7 制作水面倒影

视频位置	视频文件 >CH07>7.7 文件夹
素材位置	素材文件 >CH07>7.7 文件夹

本例制作图7-71所示的水面倒影。这个倒影的实现并不复杂，将图像进行翻转，然后添加"动感模糊"滤镜即可。之所以单独讲解这个案例，是因为其制作过程中涉及一些辅助操作。

图7-71

01 裁剪并移动图像，为倒影区域留出位置。通过 Camera Raw 适当裁剪图像的上下区域，完成后被裁剪的区域会留出空白，然后使用 Photoshop 中的"移动工具"⊕将图像向上移动，如图 7-72 所示。

图7-72

02 下方留出来的空白就可以用来布局倒影了。倒影就是用原图像实现的，但是不能直接复制图层。需要在"图层"面板中单击鼠标右键，然后在弹出的快捷菜单中执行"通过拷贝新建智能对象"命令，如图 7-73 所示。

图7-73

03 复制出来的倒影默认位于图层上方，这正好符合要求，不要将其移至图层下方。通过 Camera Raw 对"倒影"图层进行调整，选择"裁剪"工具🔲，将图像进行翻转，然后适当地减少曝光并将色温调得偏冷一些，再将图像移到合适的位置，这样就形成了初步的倒影效果，如图 7-74 所示。

图7-74

04 为倒影所在的图层添加"动感模糊"滤镜，设置"角度"为"90 度"，并设置"距离"为"50 像素"，这会使图像边缘区域羽化从而产生空隙。使用"移动工具" ⊕ 将该图层向上移动，直至没有空隙，效果如图 7-75 所示。至此，这个合成作品就完成了。

图7-75

☞ **提示**

之所以要将倒影所在的图层置于上方，是因为"动感模糊"滤镜产生的效果带有半透明的过渡区域，正好可以用来遮盖图像的边界，如果将其置于图层下方，两个图层的边界就会非常明显，如图7-76所示。

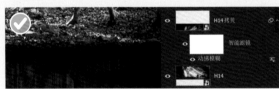 

图7-76

如果边界感还是较明显，可以通过Camera Raw调整"倒影"图像，在图像边缘添加蒙版，并减少曝光，这就是通过亮度隐藏边界的方法，如图7-77所示。

图7-77

通过这个案例可以知道，给图层添加"动感模糊"滤镜会在其边缘产生羽化区域，羽化的位置与设置的"角度"相符。因此在布局倒影时，应将其区域设置得较小些，例如占整幅图像的1/3。按照本例的设定，羽化区域应出现在"倒影"图像的上下边缘。因为下边缘位于图像窗口之外，所以看不到。如果倒影区域接近或超过整幅图像的一半，下边缘的羽化羽域可能就无法被遮挡。如果遇到此类情况，可以使用Photoshop的"裁剪工具" 来修正。

7.8 合成长曝光

视频位置	视频文件 >CH07>7.8 文件夹
素材位置	素材文件 >CH07>7.8 文件夹

在拍摄城市夜景时，经常会使用长曝光来表现车灯轨迹。由于每次拍摄的车灯轨迹数量有限，因此可以在Photoshop中将多个不同状态的车灯轨迹合成，从而呈现出更多的细节。如图7-78所示，左侧的3幅图像是在同一机位使用慢门拍摄的夜景，现在需要去除图像中静止的汽车，只留下车灯轨迹，然后通过图层混合模式和图层蒙版实现最终效果。

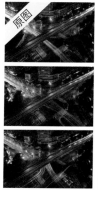

图7-78

7.8.1 去除静止的汽车

01 在 Photoshop 中导入 3 幅图像，并设置上方两个图层的混合模式为"变亮"，如图 7-79 所示。图层的顺序并不影响后续操作。

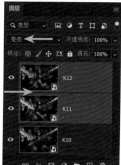

图7-79

02 选择其中一个图层，为了避免对视线造成干扰，可以单击图层缩览图左侧的"眼睛"图标👁关闭其他图层，然后单击"添加图层蒙版"按钮🔲，在没有选区的情况下为图层添加一个全白的蒙版，如图 7-80 所示。

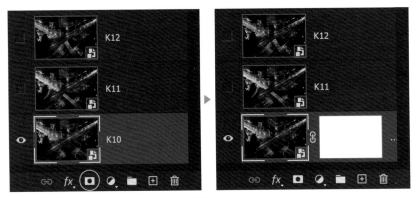

图7-80

03 选择"画笔工具"✏，用黑色的笔刷在图层蒙版中涂抹汽车静止的区域，然后用同样的方法将其他图像中的静止汽车去除，如图 7-81 所示。为了加快涂抹速度，可以适当调大笔刷的"流量"值（如 50%）。

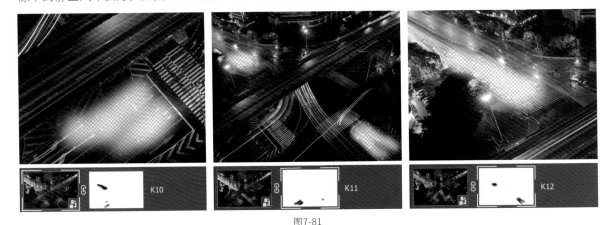

图7-81

涂抹每一个图层蒙版都会产生透明区域，这样会不会产生"漏白"现象呢？其实是不会的，因为这幅作品由3个图层组成，某区域内只要有一个图层中有内容就能呈现完整的图像，即使另外两个图层在这个区域都是透明的也没有问题。

7.8.2 嵌套使用智能对象

将图像中的静止汽车都去除后，合成效果中只剩下了车灯轨迹，现在已经初步达成目的。不过导入Photoshop中的图像都是未经调整的原图，如果现在使用Camera Raw调整图像，那么就需要分别对3个图层进行调整，而且参数还要相似，否则就会出现局部不自然的现象，这无疑是很麻烦的。之前的案例都倡导先调整素材再导入Photoshop，就是因为合成后再调整素材就容易造成不匹配的情况。但是本例的这种情况，可以将多个图层合并为一个图层，然后对这个图层进行调整。

具体操作步骤是先执行"选择>所有图层"菜单命令（快捷键为Ctrl+Alt+A）选择全部图层，然后在任意图层上单击鼠标右键，在弹出的快捷菜单中执行"转换为智能对象"命令，即可将这3个图层合并为一个图层，并且这个图层依然是智能对象，如图7-82所示。本例合成的效果是由全部图层组成的，因此直接选择全部图层即可，但是如果不需要合并全部图层，那么就需要手动选择需要被合并的图层。

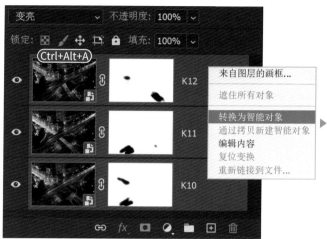
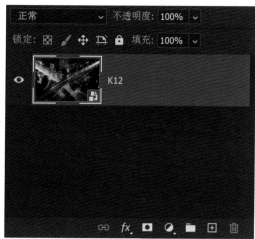

图7-82

在Camera Raw中打开图像时，不能像以往那样直接双击图层缩览图，而是需要执行"滤镜>Camera Raw滤镜"菜单命令。完成后Camera Raw滤镜会出现在"图层"面板中，更改设置时可以双击滤镜名称，这和之前的"模糊"滤镜是一样的，如图7-83所示。至此，这个合成作品就完成了。

图7-83

👉**提示**

在这个案例中，双击图层缩览图启动Camera Raw，会弹出一个新图像窗口，其中罗列着合并之前的图层，如果对这张图像做了更改（例如移动某图层的位置），并执行"文件>存储"菜单命令（快捷键为Ctrl+S）进行存储后，会影响合并后的图层内容。以上操作建议不要尝试，如果不小心双击打开了新窗口，立即关闭即可。如果不需要通过Camera Raw对图像整体进行调整，那么不建议合并图层。

需要注意的是，这里所说的"合并图层"实际上是指将图层"转换为智能对象"，这一操作只是看起来像合并而已，和Photoshop中真正意义上的合并图层是完全不同的。

7.9 使用修复类工具

视频位置	视频文件 >CH07>7.9 文件夹
素材位置	素材文件 >CH07>7.9 文件夹

图7-84所示的照片中，原图中有一些影响画面效果的"杂质"，虽然在Camera Raw中可以对其进行处理，但是现在将通过Photoshop中的工具对其进行处理。先将原图修改为16：9的比例，然后将其导入Photoshop中，图像中需要去除的内容是左侧的人物、电线及其倒影。

图7-84

7.9.1 新建图层

一般工具都不能直接对智能对象进行操作，除非将其"栅格化"为普通图层。因此需要创建一个空白图层，单击"图层"面板下方的"创建新图层"按钮，新建的图层将出现在现有图层的上方，如图7-85所示。

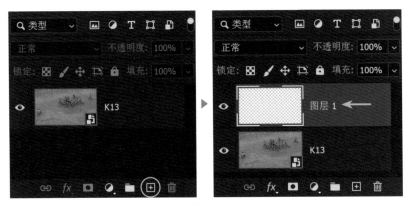

图7-85

7.9.2 使用"污点修复画笔工具"

01 在工具栏中选择"污点修复画笔工具"，按照之前的方法先将其参数复位，在选项栏中勾选"对所有图层取样"选项。之后设置一个大小合适的笔刷（如 200 像素），将左侧人物包括其倒影一次性涂抹完全，即可将其去除。Photoshop 中的"污点修复画笔工具"其实和 Camera Raw 中的"污点去除"工具类似，也是从相邻区域"挪用"相似的内容进行修补，所以也可能会产生重复的纹理，此时再涂抹一次重复的纹理即可，如图 7-86 所示。

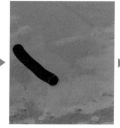

图7-86

👉 **提示**

　　尽量将人物一次性涂抹完全，这是为了避免出现重复的纹理。如果只涂抹了人物的上半身，可能被"挪用"的区域就是其下半身或倒影，反而越修复效果越差。和Camera Raw不同的是，Photoshop中的"污点修复画笔工具" 🖌 不能手动更改采样位置。

02 去除电线的阴影。由于其基本是一条直线段，可选择"污点修复画笔工具" 🖌，单击起点处，然后按住 Shift 键单击终点处，这样就会在两点间绘制一条线段，并修复线段上的污点，如图 7-87 所示。

图7-87

03 去除电线也可采用同样的方法。由于电线穿越了雕像，因此建议先去除电线的头尾部分，如图 7-88 所示。

图7-88

04 放大图像，用尽量小的笔刷（如20像素）去除穿越雕像的电线，如图 7-89 所示。

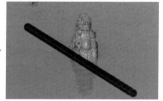

图7-89

👉 **提示**

　　之所以要分步去除，是因为雕像区域原本就较小，使用太大的笔刷容易出现图7-90所示的错误效果。而电线头尾区域没有需要保护的元素，所以可以用较大的笔刷，且这样可以降低操作难度。

图7-90

05 现在已经去除了图像中的"杂质"，所有操作后的修复图像都存放于新建的图层中，将其单独显示时可以看到修复所产生的痕迹，如图 7-91 所示。

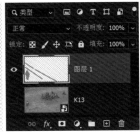

图7-91

通过创建新图层来对原图进行修复，实现了对智能对象内容的修改，而且没有破坏原始图像。理论上一个图层即可满足需求，如果需要更细致的修复，也可以创建多个图层来存放不同的修复痕迹。例如，将人物、电线和投影分别存放于3个图层中，不过一般没有必要。

需要注意的是，修复痕迹所在的图层是独立存在的。如果此时还需要通过Camera Raw调整图像，那么绘制出的修复痕迹并不会随之更改。解决这个问题最好的方法就是，先通过Camera Raw调整图像，再通过Photoshop去除"杂质"。也就是说在合成图像时，需要先在Camera Raw中完成所有的必要调整，再将其导入Photoshop完成其他操作。对于这个案例而言，虽然可以采用"转换为智能对象"的方式将修复痕迹所在的图层与图像合并，再通过Camera Raw调整图像，但是绘制出的修复痕迹不具备RAW格式的图像的宽容度，在一些调整中会出现差异。

7.9.3 使用"内容感知移动工具"

01 位于最右侧的人物距离人群较远，可以使用"内容感知移动工具" 对其进行移动。使用该工具之前先将它复位，在选项栏中勾选"对所有图层取样"选项，然后用这个工具在人物周围画一圈，需要包含人物的影子，这其实就是在创建选区，如图 7-92 所示。

图7-92

> **提示**
>
> 这个移动操作也需要在另外的图层中进行，不能直接对智能对象进行操作。原先的痕迹所在的图层可以继续使用，也可以创建新图层来存放这次移动的痕迹。本例没有强制要求，但是从便于管理的角度来说，使用新图层会更加合理。因为修改过程中可能会存在撤销移动的操作，但是基本不会存在撤销污点修复的操作，如果将它们存放于一个图层中就不容易区分了。

02 在创建好选区后，直接将其向左移动一些，移动之后会出现定界框，按 Enter 键或双击定界框即可确定移动位置，也可以单击选项栏中的"提交变换"按钮☑。操作完成后选区仍有效，可以再次将其移动到别处，如果确定不再移动，可执行"选择 > 取消选择"菜单命令（快捷键为 Ctrl+D）取消选区，如图 7-93 所示。

图7-93

03 使用"内容感知移动工具"⚒移动图像后，对原区域进行修复处理，相当于将两个操作合为一体。如果在选项栏中设置"模式"为"扩展"，则不会修复原区域，画面中将出现两个相同的人物，如图 7-94 所示。

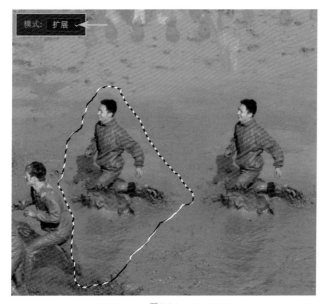

图7-94

04 还可以进行更多的创意制作。将人物移动到画面左侧，在定界框内单击鼠标右键，然后在弹出的快捷菜单中执行"水平翻转"命令，适当地将人物放大，并旋转一定的角度，使画面布局更加合理，如图 7-95 所示。

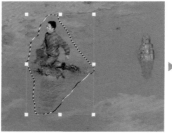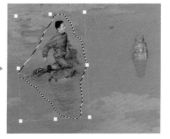

图7-95

05 在完成移动后，图像中可能出现形状和色彩不匹配的情况，在未取消选区的情况下，可以更改选项栏中的"结构"和"颜色"的值，效果满意后再取消选区，如图 7-96 所示。至此，这个合成作品就完成了。请保存这幅作品，下一节将继续使用这幅作品进行创作。

图7-96

这个案例中介绍的修复类工具在使用上有一个相同的特点，就是都需要在新建的图层中进行操作，这是因为无法直接修改智能对象，只能通过这种方式对其进行覆盖。所以操作时要确保选择的是正确的图层，并且要勾选选项栏中的"对所有图层取样"选项。如果没有勾选这个选项，将只对新建图层中的内容进行识别，不符合制作需求。

7.10 局部替换

实际拍摄中常出现有效元素分别位于前后两张照片的情况，有可能是某个人物、某个事物或者某个事物的局部等，这就需要进行局部替换。下面讲解具体的局部替换操作方法。

7.10.1 加入人物

视频位置	视频文件 >CH07>7.10.1 文件夹
素材位置	素材文件 >CH07>7.10.1 文件夹

用上一个案例完成的作品继续进行创作。如图7-97所示，因为蓝圈中的两个人物的动作不错，可以将其加入上一幅作品中。

图7-97

01 由于只需要这两个人物，因此可以先在 Camera Raw 中裁剪图像，只保留这两个人物及其周围的区域。裁剪后的图像要包含人物周围的元素，如影子和泥浆等，如图 7-98 所示，无须在意左下方多余的人物。

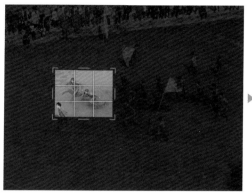

图7-98

02 裁剪后将其导入 Photoshop 中，执行"选择 > 主体"菜单命令或者使用"对象选择工具" 创建人物选区，然后创建图层蒙版来去除背景，如图 7-99 所示。

图7-99

03 将这两个人物拖曳至上一小节合成的作品中，并移到合适的位置。此时，"图层"面板中将增加一个图层，这两个人物应该位于顶层，如果不是顶层则需要调整图层顺序，如图 7-100 所示。

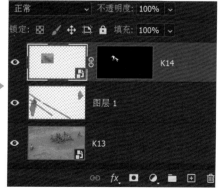

图7-100

04 选择这两个人物所在图层的蒙版，用白色的笔刷将其周围的元素还原，效果如图 7-101 所示。这个操作没有什么技巧，不影响其他有效元素即可。放大图像，查看人物的手指间隙是否有瑕疵，继续优化蒙版。

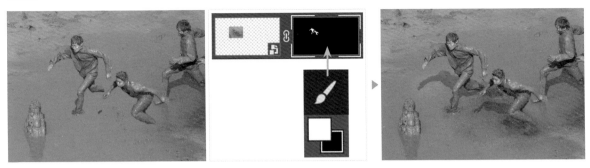

图7-101

05 将这两个人物完全加入图像中的效果如图 7-102 所示，画面比原先的更加生动。至此，这个合成作品就完成了。

图7-102

上述的局部替换是很简单的，这得益于两个因素：一是素材的高度一致性，两张照片是同一时间段、同一场景拍摄的，这就为合成创造了有利的先天条件；二是执行"选择>主体"菜单命令为其添加了图层蒙版，并采用低流量笔刷涂抹蒙版。这两个因素使得本作品放大数倍后也很难被发现合成痕迹。

在技术上没有问题并不代表在逻辑上也没问题，新加入的人物影子的色温与原图有些区别，并且左侧人物的阴影与其他人物的阴影方向不同，如果要追求光照一致应关闭左侧人物所在的图层。之前建议将其单独存放于一个图层，这时就派上用场了。接下来可以自行尝试在图中添加一名旗手，效果如图7-103所示。

图7-103

7.10.2 替换面部

视频位置	视频文件 >CH07>7.10.2 文件夹
素材位置	素材文件 >CH07>7.10.2 文件夹

本例的效果图如图7-104所示，左侧的两幅图像中，第1幅鸟儿的姿态很好，可惜头部对焦不实；而第2幅图像的情况正好相反，因此要将鸟儿的头部进行替换。

图7-104(吴伟 摄)

01 通过 Camera Raw 调整这两幅图像，使它们的效果一致，不能有色彩或亮度差异。也可以对第 1 幅图像应用素材文件中的快照，并同步到第 2 幅图像中。相关方法在第 2 章中已经介绍过了，注意需要更新"主体"蒙版。接着将两幅图像适当裁剪后导入 Photoshop 中，如图 7-105 所示。

图7-105

02 对第 2 幅图像执行"选择 > 主体"菜单命令，然后为其添加图层蒙版以去除背景，再将其头部移至第 1 幅图像中，如图 7-106 所示。

图7-106

03 鸟儿的头部需要放置到精确的位置。这里有一个小技巧，先选择头部所在的图层，设置"不透明度"为 50%，使其变为半透明状态，如图 7-107 所示。这样就很容易定位了，对准鸟儿的眼睛即可。

图7-107

☞ **提示**

将图像设为半透明状态其实也是一种图像合成的方式，只是效果不如图层混合模式，因此并不提倡使用。移动图层时Photoshop会进行自动对齐，如果对操作造成了干扰，可以按住Ctrl键或者使用方向键来移动图像，对齐后需要设置"不透明度"为100%。选择图层后，通过数字键可快速更改"不透明度"，如按5键就是50%，按1键就是10%，连续按5键和1键就是51%，按0键则是100%。但是不建议通过快捷键来设置"不透明度"，这样容易造成混淆，使用鼠标调整会更直观。

---

04 在对齐头部后，可以用黑色的笔刷涂抹图层蒙版，隐藏多余的区域，使其能完整匹配原图，效果如图 7-108 所示。至此，这个合成作品就完成了。

图7-108

☞ **提示**

在默认情况下，"图层"面板中图层缩览图是基于整幅图像的大小显示的，由于本例中的鸟儿的头部面积很小，因此其图层缩览图看起来特别不明显。这其实并没有太大关系，因为我们所用图层的数量不多。如果一定要进行改进，可以在"图层"面板的空白处单击鼠标右键并在弹出的快捷菜单中执行"将缩览图剪切到图层边界"命令，这样图层缩览图就会以适应自身内容的大小显示了，如图7-109所示。

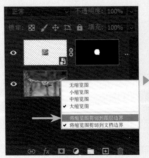

图7-109

7.10.3 替换眼睛

视频位置	视频文件 >CH07>7.10.3 文件夹
素材位置	素材文件 >CH07>7.10.3 文件夹

本例的效果图如图7-110所示，第1张图中人物眼睛的呈现效果不佳，可以通过局部替换进行改善。最好用同组照片进行局部替换，但是素材有限时可能不得不使用差异较大的照片。下面讲解在这种情况下如何操作。

图7-110

这个案例看起来似乎很难，其实在技术上与上一个案例是差不多的，只是眼睛的角度和大小需要进行更精确的调整。可以执行"编辑>自由变换"菜单命令对其进行调整。为提高制作速度，可以对案例中所使用的图像应用素材文件中的快照后再导入Photoshop中，然后对其进行布局和去除背景操作，使眼睛与面部可以更好地融合。通过调整白平衡与亮度来匹配色彩（可参考素材文件中的快照），如图7-111所示。至此，这个合成作品就完成了。

图7-111

👉 **提示**

需要注意的是，必须将应用了素材文件中的快照"眼睛1"的图像导入Photoshop中，才可以继续对其应用素材文件中的快照"眼睛2"。要保证快照的裁剪位置相同，否则图层蒙版的位置可能会发生偏移。

总的来说，局部替换就是"精确的布局+合理的蒙版"。此外，最好是"先裁剪，再导入"。使用这种方法可以替换图像中的任意元素，前提是要有充足的素材。日常拍摄中也要注意收集素材，如空镜头场景等。

7.11 制作焦外前景

视频位置	视频文件 >CH07>7.11 文件夹
素材位置	素材文件 >CH07>7.11 文件夹

在处理人像照片时，经常通过制作焦外前景来遮盖缺陷部位或者充实图像等，如图7-112所示。其制作思路就是提取图像中的已有元素，将其放大、模糊后移动到合适的位置。

图7-112

01 选取元素。可以使用工具栏中的"套索工具" ⌀（快捷键为 L）选取元素，它是用来创建选区的，其本质与"对象选择工具" ▣和"快速选择工具" ✎相同，只不过这个工具无法自动判断，完全依赖用鼠标指针绘制的轨迹来创建选区，如图 7-113 所示。

图7-113

02 选择人物所在的图层，然后执行"图层 > 新建 > 通过拷贝的形状图层"菜单命令（快捷键为 Ctrl+J）将选区内的图像复制为一个新图层，并将新图层转换为智能对象，如图 7-114 所示。

图7-114

03 之所以要将新图层转换为智能对象，是因为后续需要通过 "自由变换" 操作将其放大，并为其添加滤镜。执行 "编辑 > 自由变换" 菜单命令将其放大一些，然后执行 "滤镜 > 模糊 > 高斯模糊" 菜单命令，设置一个较大的模糊 "半径" 值，使其虚化，效果如图 7-115 所示。

图7-115

04 将其移动到合适的位置，如左下角等。如果还需要更多的焦外前景，可以重复上述步骤，或者直接复制制作好的图层。复制图层最简单的方法是使用 "移动工具" ，按住 Alt 键再移动图层，就会在新位置复制出一个图层，然后通过 "自由变换" 操作改变其角度或大小。此时先关闭 "高斯模糊" 滤镜，操作完成后再恢复显示，如图 7-116 所示。

图7-116

☞ **提示**

在没有创建选区的情况下，复制图层的方法有两种：一是选择图层缩览图，并按快捷键Ctrl+J；二是在图层缩览图上单击鼠标右键，然后在弹出的快捷菜单中执行 "复制图层" 命令。

05 焦外前景不能都是一种模糊程度，最好有层次变化，但是降低模糊 "半径" 的值会显示出图层的原始形状，因此低模糊度的图层最好有清晰的边缘轮廓。使用 "对象选择工具" 选择图像中的一根枝条，如图 7-117 所示。

图7-117

👉 **提示**

　　需要注意的是，由于没有将"对象选择工具" 🔲 设置为"对所有图层取样"，因此在进行操作时，应先确保选择了人物所在的图层，如果选择的是其他图层则会出现误操作。

　　没有勾选"对所有图层取样"选项有两点原因：一是为了在处理复杂图层结构时，避免出现混淆图层的情况；二是为了巩固选择图层的概念，避免操作失误。

06 创建了枝条的选区后，新建图层并将其移动到合适位置，将其模糊"半径"的值设置得相对小一些。此外，还可以对某些焦外图层添加 Camera Raw 滤镜，以调整其色彩或亮度，如图 7-118 所示。需要注意的是，虽然这些图层也是智能对象，但是"后天"转换的，并不是"先天"由 Camera Raw 导入的，因此不能通过双击其缩览图进入 Camera Raw 中，而需要执行菜单命令进入 Camera Raw 对其进行调整。至此，这个合成作品就完成了。

图7-118

7.12 场景合成

视频位置	视频文件 >CH07>7.12 文件夹
素材位置	素材文件 >CH07>7.12 文件夹

之前我们遇到过有效元素在不同图像中的情况，是通过复制将它们合成到一起的。本节的这个案例也基于同样的出发点，但是涉及更多的元素，对布局和匹配的要求更高，效果如图7-119所示。

图7-119

7.12.1 导入素材

图7-120所示的照片是本例素材，左图中的环境要素更齐全，将其作为"背景"图像，右图中的人物呈现效果更好，将其作为"人物"图像。接下来需要将"背景"图像中的人物进行替换。

图7-120

在Camera Raw中将两幅图像同时打开，并进行基础调整。以"背景"图像为调整基准（可参考素材文件中的快照），由于画面中的元素较杂，因此将两幅图像中的海带的形态调整至相近即可。之后将"人物"图像裁剪到合适的尺寸，如图7-121所示，并将它们导入Photoshop中。

图7-121

使用"污点修复画笔工具"  在新建的图层中去除"背景"图像中的人物,效果如图7-122所示。

图7-122

对"人物"图像执行"选择>主体"菜单命令或者使用"对象选择工具"  去除背景后,合并到"背景"图像中,并通过"自由变换"操作将其适当地缩放,然后完成布局操作,效果如图7-123所示。

图7-123

由于人物是主体，因此有必要对其图层蒙版进行优化，双击"人物"图像的图层蒙版，进入"选择并遮住"工作区，设置"边缘检测"的"半径"为"20像素"，会看到人物的边缘有所改善，如图7-124所示。在大幅度修改"半径"的值时，要注意观察是否对图像的其他地方造成了影响。

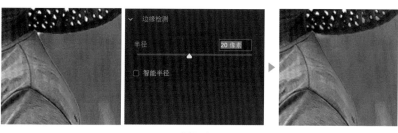

图7-124

还需要继续优化帽子的镂空区域。在"选择并遮住"工作区中选择"调整边缘画笔工具" ✍ ，沿着帽檐涂抹一圈就基本可以解决这个问题，效果如图7-125所示。涂抹时不要碰到其他区域，以免出现误操作。如果出现误操作，可以按快捷键Ctrl+Z进行撤销。

图7-125

7.12.2 二次蒙版

人物腿的下半部分被海带遮住这个特点需要保留下来，这需要通过图层蒙版来实现。遇到这种需要使用二次蒙版的情况时，可以直接在现有图层蒙版上进行修改；或者将原图层转换为智能对象后，重新为其添加图层蒙版。综合看来，后者更符合我们的需求，因为它简单、直观，且后期的修改余地更大。

将带有图层蒙版的人物图层转换为智能对象，转换之后图层就以独立形式存在了，然后创建人物脚底海带的选区，这可以通过"快速选择工具" ✍ 来实现，如图7-126所示。注意要选择背景图层，并将其他图层先关闭以免干扰，选区的范围稍微大一些更利于后续的修改。

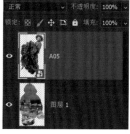

图7-126

创建选区后打开隐藏的图层，使用这个选区为人物所在的图层添加图层蒙版。但是添加图层蒙版时会默认保留选区中的内容，隐藏选区外的内容。现在如果直接单击"添加图层蒙版"按钮 将只剩下人物腿部，也就是说要保留和隐藏的区域弄反了。要解决这个问题，可以执行"选择>反选"菜单命令（快捷键为Ctrl+Shift+I）将选区反相，再添加图层蒙版，如图7-127所示。

图7-127

如果移动人物所在的图层，会发现它的图层蒙版也会同步移动，因为图层和图层蒙版默认是"锁定"在一起的，以保证隐藏部位不变。在"图层"面板中，单击缩览图之间的 图标可以解除图层与图层蒙版的锁定关系，以便分别移动它们，如图7-128所示。

图7-128

选择人物所在的图层，使用"移动工具" 改变人物的位置，而海带的遮挡部位不变，仿佛人物就在海带的后方，如图7-129所示。

图7-129

需要注意的是，这种情况下不能移动图层蒙版的位置，因此要确定选择的是图层，而不是图层蒙版。选择图层后会出现一个细边框来表示选择范围，要留意观察。除了移动还可以更改人物的大小，只要不超过图层蒙版的范围即可。这就是之前将海带区域多选一些的原因，这样可以移动的余地就会更大。

如果之前采用的是直接修改已有图层蒙版的方式，现在就无法再进行移动了，因为原图层蒙版还有分离背景的作用，一旦移动图像，原背景就会出现。凡是遇到需要使用二次蒙版的情况，建议都采取本例中的这种方法。

> **提示**
>
> 完成人物的替换后建议先存储文件。虽然Photoshop有自动恢复的功能，在遇到非正常退出时，下次启动会自动恢复未保存的内容，但是为了避免意外，建议操作一段时间就对文件进行保存（快捷键为Ctrl+S）。

将"拖拉机"图像导入Photoshop中。由于需要将其放置在画面远处，并做模糊处理，因此在Camera Raw中的调整不必太细致，建议直接复制并粘贴"背景"图像的"开发设置"，再使用"对象选择工具" 创建选区并去除背景，注意地面上的海带也要一并保留，效果如图7-130所示。

图7-130

将去除背景后的"拖拉机"图像拖入"人物"图像中，通过"自由变换"操作翻转"拖拉机"图像并将其移动到合适的位置，如图7-131所示。

图7-131

由于之前的蒙版中只保留了车轮，因此合成后有一种悬空感，这是因为地面上缺少对应的阴影。解决的方法比想象中要简单，使用"流量"较低的黑色"画笔工具" 还原蒙版中的地面阴影即可，效果如图7-132所示。由于"拖拉机"图像中的地面也是沙地，正好可以无缝对接"背景"图像中的地面。

图7-132

处理好拖拉机的阴影后，将其转换为智能对象，执行"滤镜>模糊>高斯模糊"菜单命令，在打开的对话框中可以参考车轮所在的"背景"图像的地面模糊程度设置模糊"半径"，效果如图7-133所示。

图7-133

现在要将多余的海带隐藏在石堆后方，这又需要使用二次蒙版，可参照上一次的操作。创建选区时应选择背景图层，并暂时关闭其他图层，创建选区后要先将选区反相，再为拖拉机所在的图层添加图层蒙版，如图7-134所示。

图7-134

将"海带与人"图像移到纵深处，如图7-135所示。最好同时使用两个选择工具创建选区，先使用"对象选择工具"■选取人物，再使用"快速选择工具"■选取大面积的海带，这样效率更高。

图7-135

将"海带与人"图像合并到"背景"图像中，此时这个图层位于顶层，这是不对的。背景中的人物应该被遮挡才对，因此需要将其移至人物所在图层的下方，并适当布局，效果如图7-136所示。

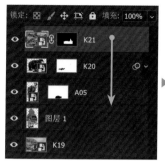

图7-136

选择背景图层并关闭其他图层，使用"快速选择工具" 🖌 创建选区。建议将选区创建得大一些，如图7-137所示的红色区域。再将选区反相，并为海带与人所在的图层添加图层蒙版，解除图层与图层蒙版间的锁定，将其移动到合适的位置。布局时要注意匹配人物的大小和位置关系，完成布局后执行"滤镜>模糊>高斯模糊"菜单命令，营造景深效果。

图7-137

7.12.3 复制蒙版

将"扁担与人"图像置于石堆后方，然后将去除背景后的图像转换为智能对象，如图7-138所示。在"图层"面板中，先按住Alt键，然后按住鼠标左键将"海带与人"图像的图层蒙版拖曳至"扁担与人"图像的图层上，松开鼠标左键，这样就为扁担与人物所在的图层添加了同样的图层蒙版。需要注意的是，一定要在图层蒙版缩览图上操作。由于之前在添加海带与人物的图层蒙版时，创建的选区较大，因此其附近的图像也可以使用同样的蒙版。

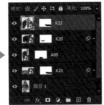

图7-138

☞ **提示**

复制出的蒙版与之前的锁定状态一致，如果拖曳图层蒙版时没有按住Alt键，则只是移动了图层蒙版，没有进行复制。

按住Alt键将"海带与人"图像的图层中的"滤镜"图标 ⊘ 拖曳至"扁担与人"图像所在的图层上，完成滤镜效果的复制，如图7-139所示。

图7-139

由于"背景"图像中的地面较为空旷，因此需将"海带场景"图像中的海带添加进来，效果如图7-140所示。具体的操作步骤是先将调整后的"海带场景"图像导入Photoshop中，然后使用"快速选择工具" ☑ 选择一小片海带，为其添加图层蒙版，去除背景后将其移动到合适的位置，之后回到"海带场景"图像中，按快捷键Ctrl+Z撤销操作恢复到原始状态（或者直接删除现有的图层蒙版），使用"快速选择工具" ☑ 选择另外一片海带，用同样的方法将海带移动到合适的位置，如此操作多次直到效果满意为止。使用这个方法可多次导入同一个素材的不同部分。

图7-140

到目前为止，可以看到扁担与人的位置并不是特别合适，拖拉机上面的海带和人用扁担挑着的海带都是干海带，将它们放在一起才更匹配。因此将这个图层移到新的位置，不过移至新的位置意味着需要更新图层蒙版。其实使用拖拉机的图层蒙版进行替换即可，如图7-141所示。

图7-141

7.12.4 使用"天空替换"命令

尝试替换"背景"图像中的天空。选择背景图层，执行"编辑>天空替换"菜单命令，选择一个蓝天完成替换，其他设置可忽略，如图7-143所示。

图7-143

这时观察"图层"面板，发现在背景图层的上方多出了一个"天空替换组"，这是一个含有多个图层的图层组，其中存放着生成的天空区域。单击图层组左侧的 ▼ 图标可以将其折叠，以节省"图层"面板的空间，如图7-144所示。执行"天空替换"命令之前要确保选择了需要的图层，否则会出现误操作。"背景"图像中的天空表现得还可以，没必要替换，因此将"天空替换组"暂时关闭。

图7-144

将扁担与人移到新的位置后，原先的位置可以重新布局一个人物，将"海带与人"图像中的人物移到合适的位置，相关步骤不再赘述，效果如图7-145所示。可以看到目前背景中的石头亮度太高，后方挑扁担的人及行走的人的亮度也高。对石头的调整较为简单，双击背景图层的缩览图进入Camera Raw中，进行局部调整即可。而二次蒙版的调整方法较为复杂，将在下一小节进行讲解。

图7-145

7.12.5 调整嵌套的智能对象

扁担与人所在的图层是一个二次蒙版，双击图层缩览图将弹出一个新窗口。这个情况之前提到过，当时是直接将其关闭。所谓的二次蒙版其实是智能对象的嵌套，因此双击后出现的是转换前的智能对象原型，如图7-146所示。此时，双击图层缩览图可以启动Camera Raw对其进行调整。至此，这个合成作品就完成了。

图7-146

完成调整后有两个选择：第1个选择是关闭智能对象窗口并保存修改，此时合成效果就会更新，如果还需调整就要重复以上操作；相比之下，第2个选择更符合我们的需求，那就是暂时不要关闭窗口，将智能对象窗口与合成窗口缩小些并同屏排列在一起，然后按快捷键Ctrl+S保存修改，这时能看到合成图像中的变化。可以直接在调整后再次按快捷键Ctrl+S保存修改，直到满意后再关闭智能对象窗口。

本章小结

本章有两个需要重点掌握的知识点。一是图层蒙版的作用。图层蒙版是用来遮挡图层内容的，可以实现去除背景这类"抠图"效果。图层蒙版大多是通过选区添加的，选区则是通过软件的自动识别功能或者选择类工具创建的。当图层蒙版不够精确时，可以进入"选择并遮住"工作区对其进行优化，也可以使用"画笔工具" ✐ 手动进行涂抹，涂抹时要注意控制笔刷流量。二是智能对象的使用。通过智能对象与Camera Raw的结合，我们可以对素材进行任意调整以满足需求。调整的过程中不能将智能对象栅格化，因此不能直接对其进行修改，必须创建新图层来放置需要修改的内容，使用"污点去除"工具 ✐ 时要注意这个问题。

本章的操作强度较大，但是难度并不大。只要掌握了Camera Raw的知识，并能使用选择类工具添加图层蒙版即可，涉及的工具和菜单命令也不多，主要关注的是创意思维与步骤实现。

第 *8* 章

创意与合成

本章的案例虽然也是使用Camera Raw和Photoshop进行制作的，但是不再局限于摄影后期的角度，而是借助这套方法来进行创意合成。素材文件中大都包含了调整效果后的示范快照，读者可自行参考使用。

8.1 城市废墟

视频位置	视频文件 >CH08>8.1 文件夹
素材位置	素材文件 >CH08>8.1 文件夹

这个案例是将大象融入城市背景中，呈现出废墟般的城市效果，最终效果如图8-1所示。从效果图可以看出，这是以"城市"图像为背景，将"大象"图像去除背景后合成进去形成的效果。

图8-1

01 将"城市"图像导入 Photoshop 中作为底层，然后将"大象"图像适当裁剪后也导入 Photoshop 中，可应用示范快照。如果之后要使用示范快照"大象 2"进行调色，这里最好先将应用了快照"大象 1"的图像导入 Photoshop。导入之后执行"选择 > 主体"菜单命令，或者用"对象选择工具" 为其添加图层蒙版，去除"大象"图像中的背景，然后通过"自由变换"操作将大象调整至合适的大小，并将其移到合适的位置，如图 8-2 所示。

图8-2

☞ **提示**

放大图像查看图层蒙版边缘是否存在杂边，如果还有一部分原图背景，可以进入"选择并遮住"工作区，通过"移动边缘"选项对其进行改善，如图8-3所示。

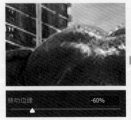

图8-3

02 大象与建筑的重叠区域应该被隐藏，体现出大象站在建筑后面的效果，但是象鼻留在前方的效果更好，这样会呈现出大象跨越建筑的视觉效果。这就意味着为其添加的图层蒙版只需要隐藏四肢，不包括象鼻，如图 8-4 所示。这又涉及二次蒙版的操作，根据惯例将大象所在的图层转换为智能对象，以便下一次添加蒙版。

图8-4

03 选择背景图层，并暂时关闭大象所在的图层，使用"对象选择工具" 或"快速选择工具" 选择建筑区域，然后开启并选择大象所在的图层，使用"对象选择工具" 从选区中减去象鼻部分，同时可以配合使用"快速选择工具" 对选区进行增减，如图 8-5 所示。

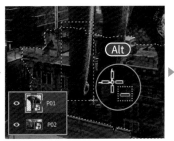

图8-5

04 默认选区中的内容是添加的图层蒙版中的保留部分，因此需要先将选区反相（快捷键为Ctrl+Shift+I），然后为大象所在的图层添加图层蒙版，完成图像的布局，如图 8-6 所示。

图8-6

05 根据"图像合成三要素"中的知识要点布局图像，布局完成后需要对其进行色彩匹配操作。在Camera Raw中调整"城市"图像，压暗其左侧和上半部分，并提亮高光区域，然后为大象所处的建筑区域添加阴影，如图8-7所示。

图8-7

06 用"高斯模糊"滤镜营造景深效果。先选择无须模糊的近景区域，然后将选区反相得到远景区域的选区，再执行"滤镜 > 模糊 > 高斯模糊"菜单命令营造出景深效果，如图8-8所示。

图8-8

07 目前图中的模糊边界过于明显，使用黑色的"画笔工具" 在滤镜蒙版中对分界线进行涂抹，使其柔和过渡，然后为中间高层的建筑适当地减弱模糊效果，因为这些建筑与大象的距离较近，所以模糊的程度不高，如图8-9所示。至此，这个合成作品就完成了。

图8-9

　　在创意合成阶段，应先明确创意合成的方向，然后准备对应的素材图像。由于明确的光线能带来优秀的视觉体验，因此应优先选择或者自行拍摄这类图像作为素材，并在后续制作中遵循"统一光照"的原则。这种方法能够在很大程度上减少工作量，并呈现出较好的画面效果。

8.2 站台魅影

视频位置	视频文件 >CH08>8.2 文件夹
素材位置	素材文件 >CH08>8.2 文件夹

本案例需要将武士融入车站背景中，其最大的特点是为人物添加了轮廓光，效果如图8-10所示。

图8-10

01 参照图 8-10 中人物的位置，在 Camera Raw 中对"车站"图像进行调整。添加人物的投影，将"车站"图像的底部压暗并将地面的局部提亮，如图 8-11 所示。

图8-11

02 在 Camera Raw 中对"人物"图像进行调整，压暗全局以便于实现局部提亮，类似于减曝加光法，如图 8-12 所示。

图8-12

03 轮廓光主要集中在人物的上半身，添加时需要匹配轮廓阴影，一明一暗可以营造出较好的反差效果。由于后续步骤需要去除"人物"图像的背景，因此绘制轮廓光和轮廓阴影时不必十分精确，即使画到了背景中也没关系。人物下半部分的处理相对简单，将被压暗的纹理适当提亮即可，如图 8-13 所示。

图8-13

04 在处理了"人物"图像之后，回到 Photoshop 中放大图像，发现鞋子还存在红色边缘。这是因为"人物"图像的背景是红色的，而执行"选择 > 主体"菜单命令或者使用"对象选择工具" ⬛ 添加的图层蒙版并不精确，经常会保留一些原背景。可以在 Camera Raw 中将鞋子的边缘部分涂黑，然后将其大幅度压暗，如图 8-14 所示。注意不要把整只鞋子涂黑，因为其中还有皮革的反光。今后在遇到此类难以去除的边缘时，都可参照此案例中的方法进行处理，即通过调整亮度和色彩来使其边缘接近合成后的场景。

图8-14

05 使用"高斯模糊"滤镜为背景添加景深效果。当场景中有明显的表现画面纵深的元素时，要营造景深效果应采用"渐进式"方式，模糊程度随着纵深距离增大而更深。在滤镜蒙版中，将需要减弱模糊效果的地方涂黑。使用低流量的笔刷涂抹黑白交界处，呈现出柔和的过渡效果，避免出现过分分明的边缘。这样才能模拟出随纵深距离变化的模糊效果。案例中和人物距离较近的地面、椅子和顶棚需要呈现出清晰的效果，如图 8-15 所示。至此，这个合成作品就完成了。

图8-15

这个案例的亮点就是通过Camera Raw为人物添加了逆光轮廓。如果没有这一点，那么最终的效果会黯淡不少。除了人物周围的轮廓光，还对人物的面部进行了塑造。调整前后对比如图8-16所示。

图8-16

8.3 月光小屋

视频位置	视频文件 >CH08>8.3 文件夹
素材位置	素材文件 >CH08>8.3 文件夹

这幅作品的创意是将白天变为夜晚，然后使用月牙穿过木屋，照亮其周围区域。月牙的制作需要使用
Photoshop中的矢量工具。本书提供了合成后的PSD文件，我们仅需要学习如何通过Camera Raw调整出
图8-17所示的效果。

图8-17

01 打开 PSD 文件，目前文件中共有 3 个图层，底层是智能对象，上方为两个处于关闭状态的矢量图层。
在 Camera Raw 中打开"小屋"图像，将其大幅度地压暗（可参考示范快照），然后回到 Photoshop 中，
打开关闭的两个图层，如图 8-18 所示。

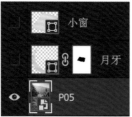

图8-18

02 在场景中添加月牙的光照效果（可参考示范快照）。在 Camera Raw 中打开"小屋"图像，先在草
地上画出一些线条作为加亮区域，然后在小屋周围创建"椭圆"来模拟被照亮的区域，再为人物添加轮
廓光。这些加亮的参数组合基本上是相同的，只是具体数值有所不同，效果如图 8-19 所示。

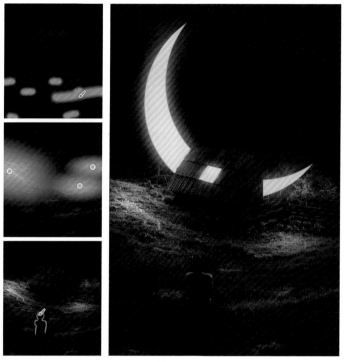

图8-19

03 此时的效果已经很不错了，不过还需要优化细节。在木屋的边缘和栅栏上添加光照效果（可参考示范快照），如图 8-20 所示。至此，这个作品就制作完成了。

图8-20

　　本例其实是对减曝加光法的运用，只需要减少曝光即可模拟出夜晚效果，所以在制作这类夜景光影的作品时，最好使用白天拍摄的照片。因为白天拍摄的照片画质较高，有足够的细节做支撑。而如果是真正的夜景照片，强行提亮某些区域会使其缺少细节，而且容易产生噪点。落实到本例中，如果原图是晚上拍摄的，那么栅栏边上的草地再怎么提亮都是一片模糊且有很多噪点。在Camera Raw中调整图像的光照效果是很简单的，基本就是曝光的增减和白平衡的偏移，难点是对光照区域的正确判定，这需要经验的积累或者借鉴其他作品。

8.4 美女与野兽

视频位置	视频文件 >CH08>8.4 文件夹
素材位置	素材文件 >CH08>8.4 文件夹

本案例是将人物与老虎融入林间，并让画面有协调的光影效果，如图8-21所示。

图8-21

01 在 Camera Raw 中将"森林"图像裁剪至合适的尺寸并作为底层，然后将"人物"图像和"老虎"图像去除背景后移到合适的位置，并优化蒙版的边缘，如图 8-22 所示。操作过程中如果遇到问题，可以参考示范快照。

图8-22

02 由于光源位于右侧，因此人物的另一侧会形成阴影，同时老虎也会在人物身上形成投影。在制作人物侧面的阴影时，也要考虑其躯干与面部，效果如图 8-23 所示。

图8-23

03 合成时尤其要注意人物与地面接触后产生的阴影，这需要配合调整"人物"图像和"森林"图像。人物的脚部应较暗，"森林"图像的对应区域也应该较暗，如图 8-24 所示。

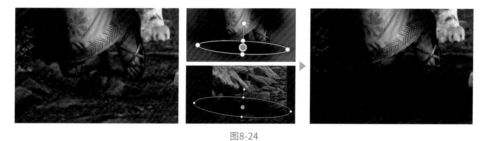

图8-24

04 为老虎添加阴影，如图 8-25 所示。

图8-25

05 人物的手放在老虎的额头上也会产生阴影，需要在 Camera Raw 中分别对这两个图像进行调整，如图 8-26 所示。

图8-26

06 改变远景的色温并增强近景中石头的细节，再为远景添加"高斯模糊"滤镜，以营造景深效果，如图 8-27 所示。

图8-27

07 完成后放大图像，会发现贴地的阴影没有处理好。这是此类作品中最容易出现问题的地方。较简单的修改方法是将贴地阴影区域调至最暗，调整时注意其与画面整体亮度的协调性，如图 8-28 所示。至此，这个合成作品就制作完成了。

图8-28

　　本例通过Camera Raw营造阴影的方法就是局部减少曝光，重点和之前一样，都是对有效区域的判断。在制作过程中需要注意的是，一些大面积的阴影不能只有单一的深浅变化，要注意营造本影和半影。此外就是原始素材的选择，应优先选择具有相同光线角度的素材，其次可以选择能经后期处理，将光影调整为一致的素材。

8.5　宇宙畅想

视频位置	视频文件 >CH08>8.5 文件夹
素材位置	素材文件 >CH08>8.5 文件夹

　　这是一个关于星空的案例，将洞穴和宇宙背景结合在一起，给人想象的空间，如图8-29所示。

图8-29

01 通过蒙版将"洞穴"图像的中间部分隐藏，便于置入宇宙背景，如图 8-30 所示。可以通过两种方法为这个图层添加蒙版：一是使用"快速选择工具"选择洞穴的空洞，然后将选区反相；二是使用"快速选择工具"在洞穴内部画一圈来创建选区。这两种方法并没有太大区别，都要注意人物镂空区域的选取。

图8-30

02 在"洞穴"图像下方置入宇宙背景，如图 8-31 所示。它由 3 个素材组成，上层是"木星"图像，中层是"海洋"图像，底层是"星空"图像。选择海洋所在的图层，设置混合模式为"变亮"，为了让其更好地与周围环境融合，可以通过 Camera Raw 调整图层，减少曝光并使其色调偏向蓝色（可参考示范快照），然后选择星空所在的图层，为其添加"高斯模糊"滤镜。

图8-31

👉 **提示**

　　需要注意提供的"木星"素材为PSD文件，其中包含两个图层，对应的内容分别是木星和月球，如图8-32所示。在使用时需要进行选择，这两个图层均为包含了可以使用Camera Raw调整的智能滤镜，后期可自行更改相关参数。此外，这些图层还带有发光效果，无须深究其原理，直接使用即可。

图8-32

03 通过 Camera Raw 调整"洞穴"图像以实现色彩匹配，需要调整白平衡，并且为人物添加轮廓光和投影等（可参考示范快照），如图 8-33 所示。

图8-33

04 完成布局和匹配后进入"选择并遮住"工作区，然后调整"半径""平滑""移动边缘"等选项以去除蒙版边缘，以此优化蒙版，如图 8-34 所示。"洞穴"图像的中间区域是较亮的，将其压暗后就容易出现亮边，反之则容易留下暗边。在大幅度改变亮度时，特别容易出现此类蒙版边缘。

图8-34

　　调整"移动边缘"选项可以有效地减少亮边。如果一次调整不到位，那么可提交修改后再次进入"选择并遮住"工作区，继续调整"移动边缘"选项。但是此类调整容易对图像造成损失，有人物时需要特别注意。当无法通过"移动边缘"选项去除亮边时，可以参照8.2节中鞋子边缘的处理方法对其进行修改，即涂抹边缘区域后降低或增加其亮度。

创意延伸：添加冷暖对比效果

　　现在已经完成这个案例最初的创意制作了，但是画面中只有单一的冷色调，呈现出的视觉效果比较乏味。可以在图像中加一些暖色来营造冷暖对比。在图像中加入一个火堆，如图8-35所示。方法很简单，导入"篝火"图像并将其移到图像右侧，再通过Camera Raw对"洞穴"图像进行处理，做好色彩匹配。

图8-35

使用"对象选择工具" 选取火焰，然后添加图层蒙版，再进入"选择并遮住"工作区中调整图像，使用"调整边缘画笔工具" 抹去火焰中的黑色部分，如图8-36所示。

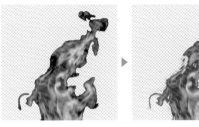

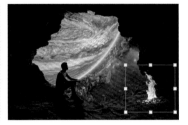

图8-36

> **提示**
>
> 　　细心的读者可能已经发现，在使用"对象选择工具" 或"快速选择工具" 时，选项栏右侧会出现"选择并遮住"按钮 选择并遮住... 。单击这个按钮也可以进入"选择并遮住"工作区对图像进行修改。操作方法是一样的，只不过确认修改后依旧只有选区，还需要添加图层蒙版，但是这样添加的图层蒙版就不需要再修改了。换言之，在通过粗选创建选区后，要么先添加图层蒙版再优化图层蒙版，要么先优化选区再添加图层蒙版，两者的最终效果相同。

布局之后需要根据篝火的位置，通过Camera Raw调整"洞穴"图像（可参考示范快照），主要调整亮度和白平衡，适当增强细节，并为人物添加暖光轮廓，如图8-37所示。

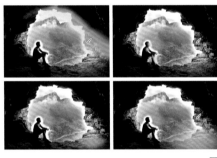

图8-37

接下来对篝火进行优化，如调整色彩细节和枝条分布等，如图8-38所示。这样新的衍生作品就完成了。相较于最初的创意，添加篝火和冷暖对比后画面意境更为出色，此时可将其存储为PSD文件。

图8-38

创意延伸：添加光线扩散效果

现在来模拟光线在缺口处的扩散现象。移动"木星"图像，使木星的边缘在人物后方可见。将所有图层都转换为智能对象，然后执行"滤镜>Camera Raw滤镜"菜单命令对它们进行调整，在木星光线与人物及石壁交接的地方，使用"椭圆"工具营造出变亮且偏蓝的效果，如图8-39所示。

图8-39

提示

在Camera Raw中，智能对象会以所有素材拼接在一起的形式出现，如图8-40所示。不必理会，继续操作即可。

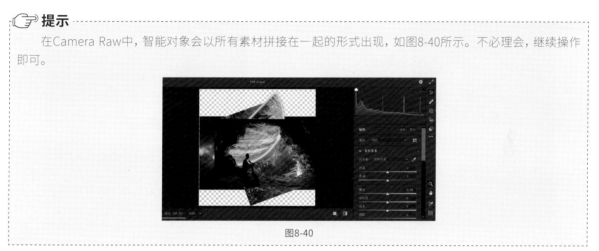

图8-40

如果想更改背景中木星的角度，可在"图层"面板中双击转换后的智能对象，将再次出现所有素材拼接在一起的情况，"图层"面板中也会出现原始的图层结构，通过"自由变换"操作可以旋转或缩放图像，如图8-41所示。除了可以调整原素材的布局，还可以加入新的素材，或者将木星改为其他星球等，保存后就会立即生效。需要注意的是，为了便于以后的修改，在转换为智能对象后，可以执行"文件>存储为"菜单命令或者"文件>存储副本"菜单命令将文件进行备份。另外，在制作过程中也要养成随时保存的习惯。

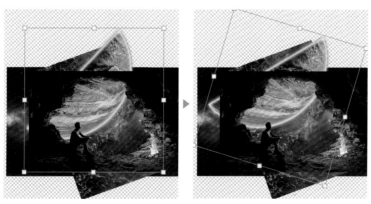

图8-41

8.6 月是故乡明

视频位置	视频文件 >CH08>8.6 文件夹
素材位置	素材文件 >CH08>8.6 文件夹

这个案例是上一个宇宙创意题材的延续，本质上也属于前例的衍生作品之一，但是它们在布局上有较大的不同，如图8-42所示。

图8-42

01 将"山峰洞穴"图像作为底层，并在其中添加结伴行走的两个人物。沿用之前案例中的"星空"和"月球"图像作为背景，如图 8-43 所示。

图8-43

02 这又是一个需大幅改变原背景亮度的情况，因此需要优化蒙版边缘，进入"选择并遮住"工作区，调整"移动边缘"等选项，优化前后的效果对比如图 8-44 所示。

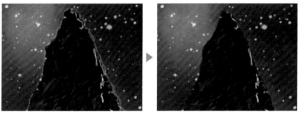

图8-44

03 通过 Camera Raw 调整"山峰洞穴"图像和"人物"图像（可参考示范快照），注意添加人物的影子与营造人物的轮廓光，这样新的衍生作品就完成了，如图 8-45 所示。

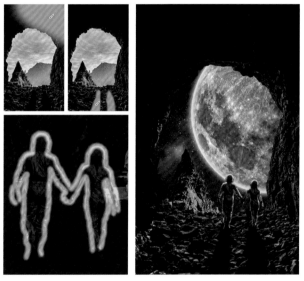

图8-45

创意延伸：添加冷暖对比效果

可以将上一个案例的冷暖对比效果复制到本案例中，以增强画面的层次感，如图8-46所示。

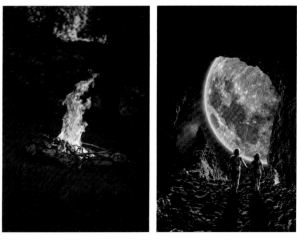

图8-46

除了需要加入"篝火"图像，还需要通过Camera Raw调整"山峰洞穴"图像和"人物"图像（可参考示范快照），在石壁上添加火焰产生的光照区域，并将人物靠近火焰的一侧调整为暖色调，如图8-47所示。

图8-47

创意延伸：添加光线扩散效果

如果对已有的效果比较满意了，可以参照前面的方法制作光线扩散效果。将图层全选后转换为智能对象，使用Camera Raw制作出光晕效果，如图8-48所示。这一步不是必需的，可视情况自行决定。如果还想继续往下制作，那么先不要进行这一步。因为这个操作需要合并各图层，放在最后一步为宜。合并前应先保存文件，合并后再保存一份文件。

图8-48

创意延伸：添加飞船

如果想在图像中添加飞船，那么就要将山峰削平作为停机坪，可以使用黑色笔刷涂抹山峰所在的图层蒙版将其隐藏。在涂抹之前，可以先将飞船位置确定好，这样有利于形成视觉参考。涂抹边缘会被飞船遮挡住，所以不需要很细致，如图8-49所示。

图8-49

通过Camera Raw调整"山峰洞穴"图像，为飞船添加投影，并适当地压暗山峰，效果如图8-50所示。

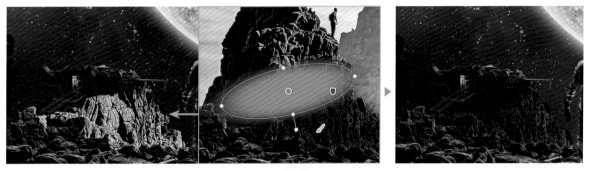

图8-50

在这个案例的制作过程中，我们从最初的简单合成效果出发，先通过营造冷暖对比优化作品，然后沿用素材制作衍生的创意作品，展现出了Camera Raw的强大之处。相比之下，虽然Photoshop的工具使用是技术基础，但是Camera Raw中的各项调整才是创意实现的关键所在。

8.7 冰封星球

视频位置	视频文件 >CH08>8.7 文件夹
素材位置	素材文件 >CH08>8.7 文件夹

这个案例用到的素材较多，目的是将星球冰封起来，如图8-51所示。

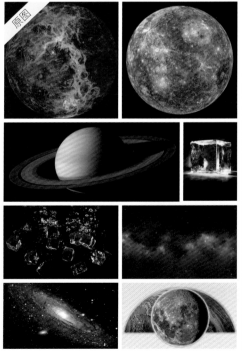

图8-51

01 以"大冰块"图像为基准,先通过 Camera Raw 将其裁剪为 1 ：1 的比例(可参考示范快照),如图 8-52 所示,然后导入 Photoshop 中。

图8-52

02 在 Camera Raw 中调整"小冰块"图像,使其背景达到全黑,如图 8-53 所示。如果不是全黑的背景,那么就会影响图层混合模式的应用效果。

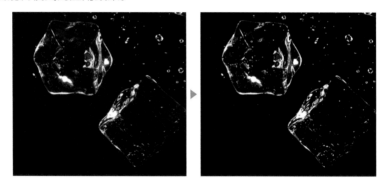

图8-53

☞**提示**

今后在遇到此类情况时,可以通过上述步骤明白如何对素材的亮度进行预处理,使合成效果更好。一般来说,全黑或全白的背景都有利于通过图层混合模式对图像进行合成。

03 通过 Camera Raw 对"小冰块"图像进行裁剪,裁剪为一小块的形式,如图 8-54 所示。

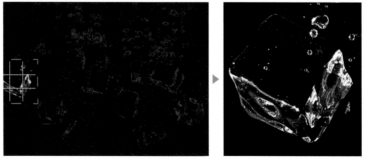

图8-54

04 将裁剪后的"小冰块"图像导入 Photoshop 中,然后设置图层混合模式为"线性减淡(添加)",实现大小冰块的融合效果。用同样的方法再导入两个冰块,并设置图层混合模式为"线性减淡(添加)",如图 8-55 所示。

图8-55

本例会使用较多的图层，建议将图层缩览图改为"小缩览图"的显示形式。

05 将"月球"图像置于"小冰块"图像的下方，由于"月球"图像附带了发光效果，用在这个案例中并不合适，因此需要将其附带的"效果"和"智能滤镜"项目关闭，如图 8-56 所示。

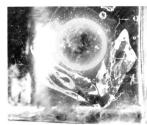  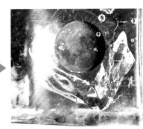 

图8-56

06 将其他星球与"星系"图像导入 Photoshop 中，将它们分别置于合适的位置。将月球、金星和水星所在图层的混合模式设置为"滤色"，并视情况将星系和土星所在图层的混合模式设置为"变亮"或"线性减淡"，如图 8-57 所示。

图8-57

混合模式影响着当前图层与下方图层的合成效果，但是仅限于两者有重叠部分时，如果没有重叠部分则混合模式就没有效果。在图8-57所示的图层结构中，星系和土星所在图层位于小冰块所在图层的上方，但是它们与小冰块并无重叠，所以图层混合模式会继续向下影响。因为小冰块所在图层和其他图层都没有重叠部分，所以它们最终会与位于底层的大冰块产生作用。因此，虽然星系和土星所在图层在图层层次上距离大冰块所在图层很远，但是它们依然能产生混合效果。关于图层混合模式的知识不必深究，这里予以介绍主要是为了解答读者在操作过程中可能会产生的疑问。

07 使用"星空"图像制作星空背景。先将这张图像置于最底层，然后通过 Camera Raw 调整"大冰块"图像，可以调整其亮度并使其色调偏蓝一些（可参考示范快照），再设置其混合模式为"滤色"，使其与星空融合。两者的重叠区域保持在靠后的位置，不要延伸到前方的平面上，如图 8-58 所示。至此，这个合成作品就完成了。

图8-58

创意延伸：丰富画面层次

现在的效果看起来较为平淡，缺少远近对比，可以考虑在大冰块的前方和左上角添加一些元素来丰富画面，如图8-59所示。

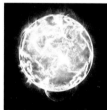

图8-59

将"星球"图像移到画面的前方，并在Camera Raw中使用"椭圆"工具制作出星球的投影。注意投影分为本影和半影两部分，半影较大、较浅，本影较小、较深。如果阴影的位置与星球的位置不对应，则将星球对齐到投影处即可，如图8-60所示。

图8-60

在"星球"图像中也需要制作出与之对应的阴影，使用"直线"减去"椭圆"，制作出星球下方的弧形阴影，然后用同样的方法在星球上方制作出光照效果，如图8-61所示。

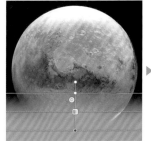 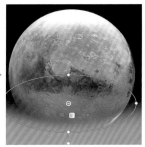  

图8-61

将"太阳"图像移到画面的左上角，并通过Camera Raw调整"大冰块"图像，在大冰块左上角营造出受暖光照射的效果。这样，新的衍生作品就完成了，如图8-62所示。

图8-62

通过这幅作品可以制作出许多创意衍生作品，只要有充分的思考时间，许多细节和创意就会逐渐浮现。如图8-63所示的效果，大冰块外的星球应与大冰块的投影方向相同才对，在Camera Raw中调整"星球"图像，改变其阴影区域和光照区域。这个修改没有示范快照，需自行完成。

图8-63

还有一种衍生创意的有效方法，就是从其他作品中提取某些元素进行组合。在作品中添加人物或动物元素能增强作品的代入感，可以将之前作品中的人物与大象分别加入作品中，并进行相应的色彩和阴影匹配调整，从而形成更具意境的效果，如图8-64所示。只要多花些时间去思考，每幅作品的创意都是无止境的。

图8-64

8.8 云端相遇

视频位置	视频文件 >CH08>8.8 文件夹
素材位置	素材文件 >CH08>8.8 文件夹

本例的效果图如图8-65所示。这个案例创意的方向是使北极熊在云层中出现，与站在崖边的女孩相遇。

图8-65

01 以"云层"图像作为底层，为"北极熊"图像去除背景，并进行布局调整，如图 8-66 所示。相关图层蒙版的优化需视具体情况进行，这里不再赘述。

图8-66

02 为了让北极熊在云层中若隐若现，可以使用"对象选择工具" ![icon]选择左下角的云层，然后将选区反相，再给北极熊所在的图层添加图层蒙版，如图 8-67 所示。这是二次蒙版的应用，需要先将已去除背景的"北极熊"图像转换为智能对象，再为其添加图层蒙版。

图8-67

03 用低流量的笔刷在图层蒙版中的合适位置涂抹，实现若隐若现的效果，如图 8-68 所示。

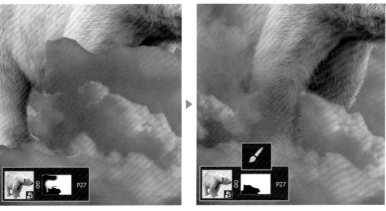

图8-68

04 添加图层蒙版后，通过 Camera Raw 调整"北极熊"图像（可参考示范快照），使其看起来更加生动，如图 8-69 所示。由于之前对其进行了二次蒙版操作，因此需要先展开智能对象才能通过 Camera Raw 对其进行调整。

图8-69

05 为"人物"图像与"石崖"图像去除背景，并将它们移到画面中，如图 8-70 所示。

图8-70

06 通过 Camera Raw 调整"人物"图像与"云层"图像，为人物添加轮廓光，并在人物和北极熊的位置用"椭圆"工具进行局部加亮，如图 8-71 所示。至此，这个合成作品就完成了。

图8-71

创意延伸：添加或更改元素

当完成并存储一幅作品的初始创意制作后，还应多花些时间观察作品，想想还可以制作哪些衍生效果。例如，添加"星空"图像并将其置于"云层"图像的上方，设置图层混合模式为"叠加"，即可得到一个云彩和星空的混合效果，如图8-72所示。由于"星空"图像的细节较为丰富，影响了主体部分"细节权重"的表达，因此可以添加"高斯模糊"滤镜，削弱其细节。

图8-72

👉 **提示**

此时可通过Camera Raw调整"星空"图像和"云层"图像，通过亮度与白平衡来调整这两个图层的混合效果，具体效果可自行尝试。

除了可以使用"高斯模糊"滤镜，还可以使用"动感模糊"滤镜来营造雨丝效果，如图8-73所示。注意这时"星空"图像有了两个滤镜，可通过"眼睛"图标 👁 选择需要应用的滤镜项目。

图8-73

除了可以加入新素材，还可以在原有的素材中进行创作，图8-74所示为对"北极熊"图像的再运用，将原图中的北极熊缩小并加入图像中，再进行布局。

图8-74

这个案例的制作难度并不大，主要是其创意比较出色。这类添加云彩的合成作品往往能收获较好的视觉效果。将现实生活中较小的物体制作为穿梭在云层中的大物体，能给人带来极强的视觉冲击力，如图8-75所示。

图8-75

本章小结

本章的案例与前面章节中的案例相比，区别仅在于创意及作品风格，所需的技术与之前的案例并无不同，需熟练掌握"Camera Raw+Photoshop智能对象"这种制作方法。本章不再强调技术层面的操作要点，而是将重点放在创意思考上，这将直接影响作品的水平。

创意的产生是一个复杂的过程，与自身的阅历及经验有关，我们可以多注意身边的一些事物，在脑海中将它们合成，就可以得到许多创意。具体实施时不要满足于完成最初的构想，而是要多注意衍生创意的延伸创作，衍生作品往往会"青出于蓝而胜于蓝"。本章的案例在设计上是阶段性的，这是为了使读者在制作过程中有不断升级的体验，要将这种思维递进贯彻到今后的作品中。

本书内容至此全部完结，感谢各位读者的支持，祝各位读者一切顺利，我们后会有期！